钢结构

黄　睿　主编

清華大学出版社
北　京

内 容 简 介

“钢结构”是土木工程学科中一门重要的专业课程，本书依据国家颁布的《钢结构焊接规范》(GB 50661—2011)、《钢结构工程施工质量验收规范》(GB 50205—2001)、《钢结构设计规范》(GB 50017—2017)等一系列行业标准和国家标准编写而成。

“钢结构”是土建类专业的核心课程，是一门理论与实践相结合，但更侧重实践的课程，本书力求叙述简明、通俗易懂、注重实用、图文并茂，突出了课程的基础性、实用性、技能性。本书内容共九章，包括：绪论，钢结构的材料，钢结构的连接，受弯构件，轴心受力构件，拉弯和压弯构件，轻型门式刚架结构，钢结构抗震，钢结构的制作、防腐与防火等内容。

本书可作为普通高等院校、高职高专、各类职业技术学校、成人高校及本科院校举办的二级职业技术学院、继续教育学院和民办高校土木工程类相关专业学生的教学用书，也可作为中专、函授及土建类、道桥类、市政类等工程技术人员的参考用书。

图书在版编目(CIP)数据

钢结构/黄睿主编. —北京：清华大学出版社，2020.9
ISBN 978-7-302-55117-1

Ⅰ. ①钢…　Ⅱ. ①黄…　Ⅲ. ①钢结构—高等职业教育—教材　Ⅳ. ①TU391

中国版本图书馆 CIP 数据核字(2020)第 048459 号

责任编辑：石　伟
装帧设计：刘孝琼
责任校对：周剑云
责任印制：丛怀宇
出版发行：清华大学出版社
　　网　　址：http://www.tup.com.cn, http://www.wqbook.com
　　地　　址：北京清华大学学研大厦 A 座　　**邮　　编**：100084
　　社 总 机：010-62770175　　**邮　　购**：010-62786544
　　投稿与读者服务：010-62776969, c-service@tup.tsinghua.edu.cn
　　质量反馈：010-62772015, zhiliang@tup.tsinghua.edu.cn
　　课件下载：http://www.tup.com.cn, 010-62791865
印 装 者：北京国马印刷厂
经　　销：全国新华书店
开　　本：185mm×260mm　　**印　张**：12.5　　**字　数**：302 千字
版　　次：2020 年 9 月第 1 版　　**印　次**：2020 年 9 月第 1 次印刷
定　　价：39.00 元

产品编号：082656-01

前　言

“钢结构”作为一门实践性极强的课程，在整个教学任务中比较重要，为必修课程，但是以往的教材由于概念讲述甚多，导致很多学生在学习过基本知识之后得不到有效的实践。高等职业教育的快速发展要求加强以市场的实用内容为主的教学，本书作为高等职业教育的教材，根据建设类专业人才培养方案和教学要求及特点编写，综合考虑从市场实际出发，坚持以全面素质教育为基础，以就业为导向，培养高素质的应用技能型人才。

教材内容的设计是根据职业能力要求及教学特点，与建筑行业的岗位相对应，体现新的国家标准和技术规范；注重实用为主，内容精选翔实，文字叙述简练，图文并茂，充分体现了项目教学与综合训练相结合的主流思路。本书在编写时尽量做到内容通俗易懂、理论概述简洁明了、案例清晰实用，特别注重实用性。

为了能更好地丰富学生的学习内容并激发学生的学习兴趣，本书每章均添加了大量针对不同知识点的案例，结合案例和上下文可以帮助学生更好地理解所学内容，同时配有实训工单，让学生及时学以致用。

本书与同类书相比具有的显著特点如下。

(1) 新。穿插案例，清晰明了，形式独特。

(2) 全。知识点分门别类，包含全面，由浅入深，便于学习。

(3) 系统。知识讲解前呼后应，结构清晰，层次分明。

(4) 实用。理论和实际相结合，举一反三，学以致用。

(5) 赠送。除了必备的电子课件、教案、每章习题答案及模拟测试 AB 试卷外，还相应地配套有大量的讲解音频、动画视频、三维模型、扩展图片等以扫描二维码的形式再次拓展钢结构的相关知识点，力求让初学者最大化地接受新知识，最快、最高效地达到学习目的。

本书由绍兴文理学院土木工程学院黄睿任主编，参加编写的还有黄河科技学院郭华伟，郑州工业应用技术学院孙红军、侯佳音，中国电建市政建设集团有限公司贾任君，陕西渭南轨道交通运输学校李迪迪，石家庄铁道大学郝丽青。其中黄睿负责编写第 1、3 章，并负责对全书进行统筹，郭华伟负责编写第 2、4 章，孙红军负责编写第 5 章，侯佳音负责编写第 6 章，贾任君负责编写第 7 章，李迪迪负责编写第 8 章，郝丽青负责编写第 9 章。在此对本书编写过程中的全体合作者和帮助者表示衷心的感谢！

本书在编写过程中，得到了许多同行的支持与帮助，在此一并表示感谢。由于编者水平有限和时间紧迫，书中难免有错误和不妥之处，望广大读者批评指正。

编　者

目　录

钢结构 A 卷.docx

钢结构 B 卷.docx

第1章　绪　　论

【教学目标】

第1章　绪论.pptx

- 了解钢结构的发展概况。
- 掌握钢结构的特点和应用范围。
- 熟悉钢结构的基本要求。
- 掌握钢结构的设计方法。
- 熟悉现行《钢结构设计标准》(GB 50017—2017)的极限状态和设计表达式。

【教学要求】

本章要点	掌握层次	相关知识点
钢结构的概述	了解钢结构的发展概况	钢结构的发展趋势
钢结构的特点和应用范围	熟悉钢结构的特点、掌握钢结构的应用范围、了解钢结构的基本要求	大跨度结构、多层框架结构、可拆卸或可移动结构
钢结构的设计规定	掌握钢结构设计的基本规定	荷载标准值、荷载设计值

【案例导入】

随着我国经济的高速发展，钢结构在我国现代化建筑中的地位愈来愈突出，在国民经济的各个领域都得到了大量应用。近年来我国钢产量持续增长，远超世界各国，今后钢结构的发展前景和应用范围将更加广泛。

【问题导入】

思考钢结构的发展现状，分析钢结构都具有哪些优势？

视频　钢结构的发展现状.mp4

1.1　钢结构的发展概况

在发达国家，钢结构住宅已有百余年的发展历史，由于具备其他结构所无法比拟的优

点，钢结构给住宅产业带来了一场深层次的革命，因而在国际范围内代表了未来的住宅发展方向。相对而言，我国钢结构行业起步较晚，直到最近十几年，钢结构建筑工程才迎来迅猛发展。在钢结构的应用和发展方面，我们的祖先具有光辉的历史。世界上建造得最早的一座铁链桥是我国的兰津桥。它建于公元 58—75 年，比欧洲最早的铁链桥要早 70 多年。

铁链桥.docx

钢结构建筑属于装配式建筑范畴，即先在工厂内进行部件部品的预制，得到施工所需的钢结构框架，之后运到现场拼装。大力发展钢结构建筑是贯彻落实绿色低碳循环要求、提高建筑工业化水平的重要途径，是稳增长调结构转型升级和供给侧结构性改革、化解钢铁行业产能过剩的重要举措。

钢屋架.docx

近年来，钢结构行业相关产业政策暖风频吹，政府出台了对行业发展有重要影响的多项政策。例如，2016 年年初，《中共中央、国务院关于进一步加强城市规划建设管理工作的若干意见》提出，我国要力争用 10 年左右的时间，使装配式建筑占新建建筑的比例达到 30%。在政策的推动下，钢结构行业有望迎来重大机遇。

除了政策利好外，城镇化推动下的国内建筑市场、轨道交通建设、仓储和物流园的建设和能源建设工程迅猛发展，也是钢结构行业持续向好的主要推动因素。

市场需求的扩大，将促使我国钢结构技术、产量等方面的进一步发展。同时，新工艺、新用途的钢结构将不断出现，推动行业持续健康发展。据前瞻产业研究院《2018—2023 年中国钢结构行业市场需求预测与投资战略规划分析报告》数据统计，2009—2016 年，我国钢结构产量呈现逐年增长趋势。2016 年，我国钢结构产量约为 5618 万吨，同比增长 12.2%。2018—2023 年，钢结构行业有望保持稳中向好的发展态势。预计到 2023 年，我国钢结构的产量将超过 13 000 万吨。

钢结构住宅产业化。从目前建成的钢结构住宅项目看，钢结构的结构体系成熟、围护材料逐步改善、装配工艺不断优化，住宅整体性能大幅提升，工程造价具有市场竞争优势，具备了产业化发展的条件，表现为结构体系日趋成熟，钢结构住宅已涵盖低层、多层、小高层和高层住宅建筑。加上国内钢结构住宅占整个住宅比例不到 5%，而日本等发达国家这一比例接近 50%，可见市场潜力之大。同时，国家提倡建设节能省地住宅，目前有关钢结构住宅的设计规范及配套技术、材料也基本具备，以上这些因素为钢结构住宅产业化发展铺平了道路。

其次，大型建筑物采用钢结构建筑。随着行业标准不规范、顶层制度设计缺失、技术体系待完善、成本劣势较大以及公众认知滞后等瓶颈被消除，推进钢结构建筑正当时。与此同时，在我国工业化水平稳步推进、人口红利消退，以及城镇化率快速提升等因素的背景下，以钢结构为主的装配式建筑的宏观经济发展基础已初步形成。在种种因素作用下，大中型建筑物采用钢结构的比例将逐年增加。

钢结构行业科技创新加大。近年来，钢结构行业在科技投入、科技研发、科技创新等方面取得了长足进步，但关键技术仍有待突破，包括结构体系创新与标准规范改革，建筑维护系统配套及产业化，标准化、工业化、信息化融合技术，全寿命周期的设计、施工、生产一体化等。“十三五”期间，将解决技术和人员的突出问题，形成全产业链成套产业化技术，提高钢结构生产效率和质量。

加快“走出去”步伐。早在“十二五”期间，钢结构行业的企业在技术、人才、布局等方面就着手准备“走出去”：开展国外认证、许可等相关工作，不少钢结构一级资质的企业已经获得了欧美、日本、东南亚市场准入认证；纷纷设立海外事业部或国外分支机构；在人才方面，除自身自备外，也引进国内外高端人才。因此，在“一带一路”倡议深入的背景下，钢结构行业海外市场有望迎来爆发性的增长。

1.2 钢结构的特点和应用范围

1.2.1 钢结构的特点

钢结构的特点有以下几个方面。

音频 钢结构的优缺点.mp3

(1) 钢结构自重轻、强度高、塑性和韧性好、抗震性好。钢材和其他建筑土、砖石和木材相比强度高得多。其密度与强度的比值一般比混凝土和木材小性能稳定，使得钢构件截面小，自重轻，运输和架设也比较方便。钢结构一般不会因超载而突然断裂，适宜在动力荷载下工作。

(2) 钢结构计算准确，安全可靠。钢材更接近于均质等向体，弹性模量大，质地优良，结构计算与实际较符合，计算结果精确，保证了结构的安全。

(3) 钢结构制造简单，施工方便，具有良好的装配性。由于钢结构的制造是在设备完善、生产率高的专门车间进行，具备成批生产和精度高的特点，提高了工业化的程度。采用钢结构施工，工期短，可提前竣工投产。钢结构是由一些独立部件、梁、柱等组成。这些构件在安装现场可直接用焊接或螺栓连接起来，安装迅速，更换和修配也很方便。

(4) 钢结构的密闭性好，便于做成密闭容器。钢材本身组织非常致密，采用焊接连接容易做到紧密不渗漏，可制作压力容器。

(5) 钢结构建筑在使用过程中易于改造。如加固、接高、扩大楼面、内部分割、外部装饰等比较灵活。钢结构建筑还是环保型建筑，可以重复利用，减少垃圾的产生和矿产资源的开采。

(6) 钢结构可以做成大跨度和大空间的建筑。管线布置方便，维修方便。

(7) 钢结构耐锈蚀性差。钢材容易腐蚀，隔一段时间需重新刷涂料，保养维修费用较高。

(8) 钢结构耐热性好、耐火性差。在火灾中，未加防护的钢结构一般只能维持 20 分钟。因此，需要防火时，应采取防护措施。在钢结构的表面包裹混凝土或其他防火材料，或在表面喷涂防火涂料。

1.2.2 钢结构的应用范围

选用钢结构时要根据上述特点，综合考虑结构物的使用要求、结构安全、节省材料和使用寿命等因素，目前钢结构在我国应用范围大致如下。

钢结构建筑.docx

1. 重型厂房结构

重型工业厂房中用作车间的承重骨架，例如冶金厂房的平炉车间、转炉车间和轧钢车间，重型机器制造厂的铸钢车间和锻压车间等厂房结构。

2. 大跨度结构

例如飞机库、火车站、剧场、体育馆和大会堂等。

视频　多层框架.mp

3. 多层框架结构

例如高层或超高层建筑物的骨架、炼油设备构架等。

4. 机器的骨架

例如桥式起重机的桥架部分、塔式起重机的金属塔架、石油钻机的井架等结构。

5. 板壳结构

例如高炉、大型储油库、油罐、烟囱、水塔和煤气柜等。

塔桅结构.docx

6. 塔桅结构

例如输电塔、电视塔、排气筒和起重桅杆等结构。

7. 桥梁

例如南京长江大桥等。

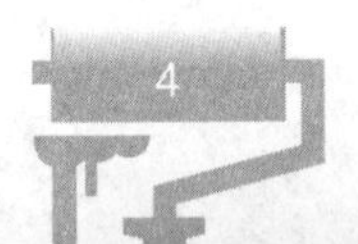

8. 水工建筑物

如闸门和管道等。

9. 其他构筑物

如栈桥、管道支架、井架和海上采油平台等。

10. 可拆卸或移动结构

商业、旅游业和建筑业用活动房屋，多采用轻型钢结构。

可见，钢结构应用很广，结构形式多种多样，在国家经济建设中起着重要的作用。

1.2.3 钢结构的基本要求

钢结构承受的荷载大，有时承受频繁的交变荷载。为保证其正常使用，对钢结构提出如下要求。

(1) 坚固耐用。钢结构必须保证有足够的承载能力，也就是应保证有足够的强度(静强度和疲劳强度)、刚度(静刚度和动态刚度)和稳定性(整体稳定和局部稳定)。

(2) 工作性能好，使用方便，满足工作要求。

(3) 结构自重小，省材料。

(4) 制造工艺性好，成本低，经济性好。

(5) 安装迅速，便于运输，维修简便。

(6) 结构合理，外形美观。

音频　对钢结构的基本要求.mp3

上述要求既互相联系又互相制约，在设计时应辩证地处理这些要求。

1.3 钢结构的设计规定

1.3.1 基本规定

(1) 钢结构设计应包括下列内容。

① 结构方案设计，包括结构选型、构件布置。

② 材料选用及截面选择。

③ 作用及作用效应分析。

④ 结构的极限状态验算。

音频　钢结构体系的设计规定.mp3

⑤ 结构、构件及连接的构造。

⑥ 制作、运输、安装、防腐和防火等要求。

⑦ 满足特殊要求结构的专门性能设计。

(2) 除疲劳设计应采用容许应力法外，钢结构应按承载能力极限状态和正常使用极限状态进行设计。

① 承载能力极限状态应包括：构件或连接的强度破坏、脆性断裂，因过度变形而不适用于继续承载，结构或构件丧失稳定性，结构转变为机动体系和结构倾覆。

② 正常使用极限状态应包括：影响结构、构件、非结构构件正常使用或外观的变形，影响正常使用的振动，影响正常使用或耐久性能的局部损坏。

(3) 钢结构的安全等级和设计使用年限应符合现行国家标准《建筑结构可靠度设计统一标准》(GB 50068 和《工程结构可靠性设计统一标准》(GB 50153)的规定。一般工业与民用建筑钢结构的安全等级应取为二级，其他特殊建筑钢结构的安全等级应根据具体情况另行确定。建筑物中各类结构构件的安全等级，宜与整个结构的安全等级相同。对其中部分结构构件的安全等级可进行调整，但不得低于三级。

(4) 按承载能力极限状态设计钢结构时，应考虑荷载效应的基本组合，必要时还应考虑荷载效应的偶然组合。按正常使用极限状态设计钢结构时，应考虑荷载效应的标准组合。

(5) 计算结构或构件的强度、稳定性以及连接的强度时，应采用荷载设计值；计算疲劳时，应采用荷载标准值。

(6) 对于直接承受动力荷载的结构：计算强度和稳定性时，动力荷载设计值应乘以动力系数：计算疲劳和变形时，动力荷载标准值不乘动力系数。计算吊车梁或吊车桁架及其制动结构的疲劳和挠度时，起重机荷载应按作用在跨间内荷载效应最大的一台起重机确定。

(7) 预应力钢结构的设计应包括预应力施工阶段和使用阶段的各种工况。预应力索膜结构设计应包括找形分析、荷载分析及裁剪分析三个相互制约的过程，并宜进行施工过程分析。

(8) 结构构件、连接及节点应采用下列承载能力极限状态设计表达式：

① 持久设计状况、短暂设计状况：

$$\gamma_0 S \leqslant R \tag{1-1}$$

② 地震设计状况：

$$S \leqslant R/\gamma_{RE} \tag{1-2}$$

③ 设防地震：

$$S \leqslant R_k \tag{1-3}$$

式中：γ_0——结构重要性系数：对安全等级为一级的结构构件不应小于1.1，对安全等级为二级的结构构件不应小于1.0，对安全等级为三级的结构构件不应小于0.9；

S——承载能力极限状况下作用组合的效应设计值：对持久或短暂设计状况应按作用的基本组合计算；对地震设计状况应按作用的地震组合计算；

R——结构构件的承载力设计值；

R_k——结构构件的承载力标准值；

γ_{RE}——承载力抗震调整系数，应按现行国家标准《建筑抗震设计规范》(GB 50011)的规定取值。

(9) 钢结构设计时，应合理选择材料、结构方案和构造措施，满足结构构件在运输、安装和使用过程中的强度、稳定性和刚度要求并应符合防火、防腐蚀要求。宜采用通用和标准化构件，当考虑结构部分构件替换可能性时应提出相应的要求。钢结构的构造应便于制作、运输、安装、维护并使结构受力简单明确，减少应力集中，避免材料三向受拉。

(10) 钢结构设计文件应注明所采用的规范或标准、建筑结构设计使用年限、抗震设防烈度、钢材牌号、连接材料的型号(或钢号)和设计所需的附加保证项目。

(11) 钢结构设计文件应注明螺栓防松构造要求、端面刨平顶紧部位、钢结构最低防腐蚀设计年限和防护要求及措施、对施工的要求。对焊接连接，应注明焊缝质量等级及承受动荷载的特殊构造要求；对高强度螺栓连接，应注明预拉力、摩擦面处理和抗滑移系数；对抗震设防的钢结构，应注明焊缝及钢材的特殊要求。

(12) 抗震设防的钢结构构件和节点可按现行国家标准《建筑抗震设计规范》(GB 50011)或《构筑物抗震设计规范》(GB 50191)的规定设计，也可按《钢结构设计标准》(GB 50017—2017)第17章的规定进行抗震性能化设计。

1.3.2 结构体系

1. 钢结构体系的选用原则

(1) 在满足建筑及工艺需求的前提下，应综合考虑结构合理性、环境条件、节约投资和资源、材料供应、制作安装便利性等因素。

(2) 常用建筑结构体系的设计宜符合《钢结构设计标准》(GB 50017—2017)附录A的规定。

2. 钢结构的布置规定

(1) 应具备竖向和水平荷载传递途径。

(2) 应具有刚度和承载力、结构整体稳定性和构件稳定性。

(3) 应具有冗余度，避免因部分结构或构件破坏导致整个结构体系丧失承载能力；隔墙、外围护等宜采用轻质材料。

3. 钢结构验算

施工过程对主体结构的受力和变形有较大影响时，应进行施工阶段验算。

本章小结

本章主要阐述了钢结构的发展状况；钢结构的特点、应用范围和基本要求；钢结构的设计规定。本章的主要知识点如下：钢结构的发展趋势，钢结构的特点、应用范围，钢结构的基本要求，钢结构的基本规定与结构体系。

实训练习

一、单选题

1. 下列各项，(　　)不属于结构的承载能力极限状态范畴。

A. 静力强度计算　　　　B. 动力强度计算

C. 稳定性计算　　　　D. 梁的挠度计算

2. 在下列各化学元素中，(　　)的存在可提高钢材的强度和抗锈蚀能力，但却会严重地降低钢材的塑性、韧性和可焊性，特别是在温度较低时促使钢材变脆(冷脆)。

A. 硅　　B. 铝　　C. 硫　　D. 磷

3. 根据钢材的一次拉伸试验，可得到如下四个力学性能指标，其中(　　)是钢结构的强度储备。

A. 屈服点 f_y　　B. 抗拉强度 f_u　　C. 伸长率 δ　　D. 弹性模量 E

4. 普通轴心受压构件的承载力经常决定于(　　)。

A. 扭转屈曲　　B. 强度　　C. 弯曲屈曲　　D. 弯扭屈曲

5. 摩擦型高强度螺栓的抗剪连接以(　　)作为承载能力极限状态。

A. 螺杆被拉断　　　　B. 螺杆被剪断

C. 孔壁被压坏　　　　　　D. 连接板件间的摩擦力刚被克服

6. 根据施焊时焊工所持焊条与焊件之间的相互位置的不同，焊缝可分为平焊、立焊、横焊和仰焊四种方位，其中(　　)施焊的质量最易保证。

A. 平焊　　B. 立焊　　C. 横焊　　D. 仰焊

7. 大跨度结构常采用钢结构的主要原因是钢结构(　　)。

A. 密封性好　　B. 自重轻　　C. 制造工厂化　　D. 便于拆装

8. 钢结构的承载能力极限状态是指(　　)。

A. 结构发生剧烈振动　　　　B. 结构的变形已不能满足使用要求

C. 结构达到最大承载力产生破坏　　D. 使用已达五十年

9. 钢材的强度设计值 f 取为(　　)。

A. f_y　　B. f_u　　C. f_u / γ_R　　D. f_y / γ_R

10. 防止钢材发生分层撕裂的性能指标为(　　)。

A. 屈服点　　B. 伸长率　　C. Z 向收缩率　　D. 冷弯 180°

二、多选题

1. 钢结构在我国应用范围有(　　)。

A. 重型厂房结构　　B. 大跨度结构　　C. 机器的骨架

D. 屋顶排水　　E. 桥梁

2. 钢结构的基本要求是(　　)。

A. 工作性能好　　B. 色泽好　　C. 结构自重小

D. 横截面纹路好　　E. 经济性好

3. 下列关于钢材的说法，正确的是(　　)。

A. 钢材与木材相比强度高得多　　B. 钢结构密度与强度的比值比混凝土小得多

C. 钢材机械性能稳定　　D. 钢材的架设比较烦琐

E. 含碳量越高的钢材塑性越好

4. 结构可靠性是(　　)的统称。

A. 塑性　　B. 舒适性　　C. 适用性

D. 耐久性　　E. 结构安全性

5. 钢结构是由(　　)等组成。

A. 独立部件　　B. 梁　　C. 柱

D. 螺栓　　E. 牛角柱

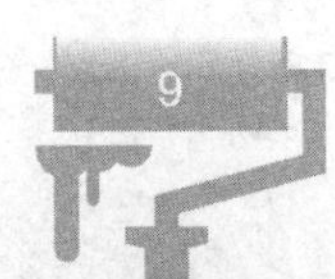

三、简答题

1. 钢结构有什么特点？
2. 钢结构主要应用在哪些方面？
3. 钢结构的发展方向是什么？
4. 对钢结构有哪些基本要求？
5. 什么是承载能力极限状态？什么是正常使用极限状态？

第 1 章答案.docx

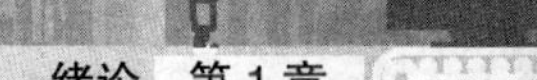

实训工作单

<table>
<tr><td>班级</td><td></td><td>姓名</td><td></td><td>日期</td><td></td></tr>
<tr><td colspan="2">教学项目</td><td colspan="4">钢结构基本知识</td></tr>
<tr><td>学习项目</td><td colspan="2">钢结构的概述、钢结构的特点和应用范围、钢结构的设计方法</td><td>学习要求</td><td colspan="2">了解钢结构的发展状况、掌握钢结构的特点和应用范围、掌握钢结构的设计方法</td></tr>
<tr><td colspan="3">相关知识</td><td colspan="3">钢结构的发展趋势、大跨度结构、多层框架结构、可拆卸或移动结构、钢材的强度设计值、钢材的屈服强度、永久荷载标准值</td></tr>
<tr><td colspan="3">其他内容</td><td colspan="3">《钢结构设计标准》(GB 50017—2017)的极限状态和设计表达式</td></tr>
<tr><td colspan="6">学习记录</td></tr>
<tr><td>评语</td><td colspan="3"></td><td>指导老师</td><td></td></tr>
</table>

第 2 章　钢结构的材料

第 2 章　钢结构的材料.pptx

【教学目标】

- 了解钢材的牌号、规格及选用。
- 熟悉钢材、钢板的设计强度指标。
- 熟悉结构用无缝钢管的设计强度指标。
- 了解铸钢件的设计强度指标。

【教学要求】

本章要点	掌握层次	相关知识点
钢材的牌号、规格及选择	掌握钢材牌号编制的规则、熟悉钢材的规格、了解钢材的选用标准	钢材屈服强度、沸腾钢、镇静钢
钢结构材料设计指标	掌握钢材的设计强度指标、熟悉钢板的设计强度指标	结构用无缝钢管的设计强度指标、铸钢件的强度设计值

【案例导入】

钢结构材料不仅与钢结构的计算理论密切关联，同时对钢结构的制造、安装、使用、造价、安全等方面均有直接联系。

【问题导入】

了解钢材的性能，思考钢结构在材料的选用上都有什么要求。

2.1 钢材的牌号、规格及选用

2.1.1 钢材的牌号和符号

1. 牌号表示方法

钢的牌号由代表屈服强度的字母、屈服强度数值、质量等级符号、脱氧方法符号等四个部分按顺序组成。例如 Q235AF。

2. 符号

Q——钢材屈服强度“屈”字汉语拼音首位字母。

A、B、C、D——分别为质量等级。

F——沸腾钢“沸”字汉语拼音首位字母。

Z——镇静钢“镇”字汉语拼音首位字母。

TZ——特殊镇静钢“特镇”两字汉语拼音首位字母。

3. 牌号及标准

钢材宜采用 Q235、Q345、Q390、Q420、Q460 和 Q345GJ 钢，其质量应分别符合现行国家标准《碳素结构钢》(GB/T 700)、《低合金高强度结构钢》(GB/T 1591)和《建筑结构用钢板》(GB/T 19879)的规定。结构用钢板、热轧工字钢、槽钢、角钢、H 型钢和钢管等型材产品的规格、外形、重量及允许偏差应符合国家现行相关标准的规定。

处于外露环境，且对耐腐蚀有特殊要求或处于侵蚀性介质环境中的承重结构，可采用 Q235NH、Q355NH 和 Q41SNH 牌号的耐候结构钢，其质量应符合现行国家标准《耐候结构钢》(GB/T4171)的规定。

焊接承重结构为防止钢材的层状撕裂而采用 Z 向钢时，其质量应符合现行国家标准《厚度方向性能钢板》(GB/T 5313—2010)的规定。

非焊接结构用铸钢件的质量应符合现行国家标准《一般工程用铸造碳钢件》(GB/T 11352—2009)的规定，焊接结构用铸钢件的质量应符合现行国家标准《焊接结构用铸钢件》(GB/T 7659—2010)的规定。

2.1.2 钢材的规格

热轧钢板.docx

1. 热轧钢板

1)　钢板

当厚度为 4～6mm 时，间隔为 0.5mm；厚度为 6～30mm 时，间隔为 1mm；厚度为 30～60mm 时，间隔为 2mm；宽度为 600～3000mm，宽度间隔为 50mm；长度为 100mm 的倍数，其范围为 4000～12000mm。

2)　薄钢板

厚度为 0.35～4mm，宽度为 500～1500mm，长度为 0.5～4m，是制造冷弯薄壁型钢的原材料。

3)　扁钢

厚度为 4～60mm，宽度为 12～200mm，长度为 3～9m。

4)　花纹钢板

厚度为 2.5～8mm，宽度为 600～1800mm，长度为 0.6～12m，主要用作走道板和梯子踏板。

实际工作中常将厚度为 4～20mm 的钢板称为中板，厚度为 20～60mm 的钢板称为厚板，厚度大于 60mm 的钢板称为特厚板。成张的钢板的规格以厚度×宽度×长度的毫米数表示。长度很长，成卷供应的钢板称为钢带。钢带的规格以厚度×宽度的毫米数表示。

2. 热轧型钢

1)　角钢

热轧型钢.docx　视频　角钢.mp4

角钢有等边角钢和不等边角钢两种，如图 2-1(a)、(b)所示。等边角钢以边宽和厚度表示，如 L100×10 为边宽 100mm，厚为角钢。不等边角钢以两边宽度和厚度表示，如 L100×80×8 为长边宽 100mm，短边宽 80mm 和厚度 8mm 的不等边角钢。

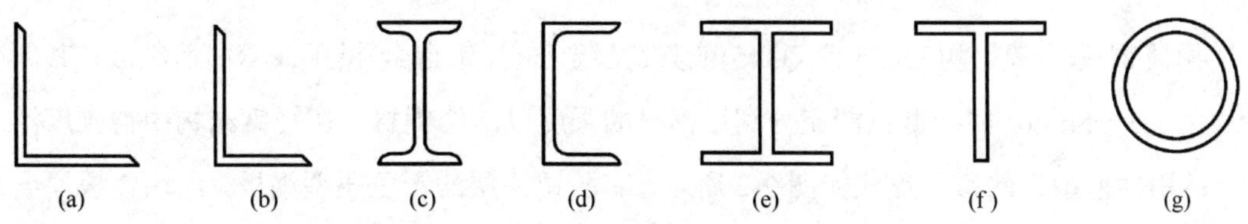

图 2-1　热轧型钢截面

2) 工字钢

视频 工字钢和槽钢.mp4

工字钢有普通工字钢、轻型工字钢和宽翼缘工字钢三种，如图 2-1(c)所示。用符号“I”后加号数表示，号数代表截面高度的厘米数。按腹板厚度不同又可分为a、b、c三类。如I36a表示高度为360mm的工字钢，腹板厚度为a类。优先选用a类，这样可减轻自重，同时截面惯性矩也较大。宽翼缘工字钢的翼缘比普通工字钢宽而薄，故回转半径相对也较大，可节省钢材。轻型工字钢因壁很薄而不再按厚度划分等级。

3) 槽钢

槽钢有普通槽钢和轻型槽钢两种，如图 2-1(d)所示。在符号“[”后也是以其截面高度的厘米数为号表示，如36a表示高度为360mm，而腹板厚度属a类的槽钢。

4) H钢

H钢有热轧H钢和焊接H钢两种，如图 2-1(e)所示。与工字钢相比，H钢具有翼缘宽、翼缘相互平行、内侧没有斜度、自重轻、节约钢材等特点。

视频 H钢和钢管.mp4

热轧H型钢分三类：宽翼缘H钢(代号HW，翼缘宽度B与截面高度H相等)，中翼缘H型钢[代号HM，B=(1/2～2/3)H]，窄翼缘H型钢[代号HN，B=(1/3～1/2)H]。各种H型钢都可以剖分为T型钢，如图 2-1(f)所示，代号分别为TW、TM和TN。H型钢和剖分T型钢的规格型号用高度H×宽度B×腹板宽度t_1×翼缘宽度t_2表示。

音频 钢材的分类.mp3

焊接 H 型钢是将钢板剪裁、组合并焊接而成的型钢，分焊接 H 型钢(HA)、焊接H型钢钢桩(HGZ)、轻型焊接H型钢(HAQ)。其规格型号用高度×宽度表示，规格符合相关规范规定。

5) 钢管

钢管有无缝钢管及焊接钢管两种，如图 2-1(g)所示。用λ后面加“外径×厚度”表示，λ426×6为外径426mm、厚度6mm的钢管。

3. 薄壁型钢

用薄钢板(一般采用Q235或Q345)或其他轻金属(如铝合金)模压或弯曲而制成，其厚度一般为1.5～5mm。薄壁型钢能充分利用钢材的强度以节约钢材，在轻钢结构中得到广泛应用。常用薄壁型钢的截面形式如图 2-2 所示。有防锈涂层的彩色压型钢板，所用钢板厚度为0.4～1.6mm，用作轻型屋面及墙面等构件。

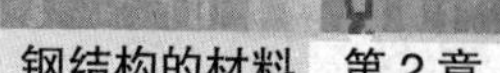

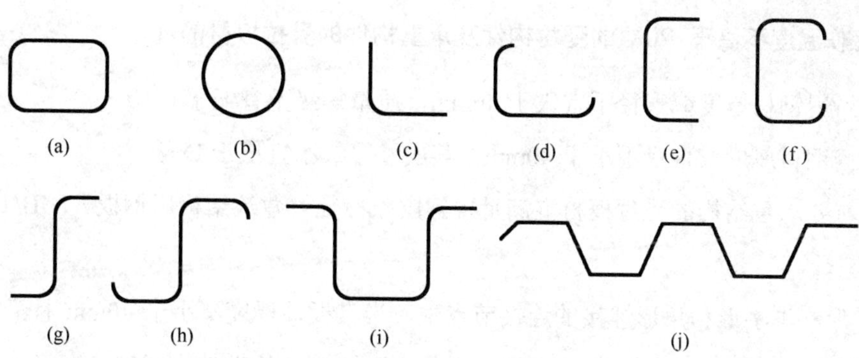

图 2-2　薄壁型钢截面

2.1.3 钢材的选用

音频　钢结构设计的步骤和思路.mp3

结构钢材的选用应遵循技术可靠、经济合理的原则，综合考虑结构的重要性、荷载特征、结构形式、应力状态、连接方法、工作环境、钢材厚度和价格等因素，选用合适的钢材牌号和材性保证项目。

承重结构所用的钢材应具有屈服强度、抗拉强度、断后伸长率和硫、磷含量的合格保证，对焊接结构尚应具有碳含量的合格保证。焊接承重结构以及要求的非焊接承重结构采用的钢材应具有冷弯试验的合格保证；对直接承受动力荷载或需验算疲劳的构件所用钢材尚应具有冲击韧性的合格保证。

1. 钢材质量等级的选用规定

(1)　A 级钢仅可用于结构工作温度高于 0℃的不需要验算疲劳的结构，且 Q235A 钢不宜用于焊接结构。

(2)　需验算疲劳的焊接结构用钢材应符合下列规定。

①　当工作温度高于 0℃时其质量等级不应低于 B 级。

②　当工作温度不高于 0℃但高于-20℃时，Q235、Q345 钢不应低于 C 级，Q390、Q420 及 Q460 不应低于 D 级。

③　当工作温度不高于-20℃时，Q235 钢和 Q345 钢不应低于 D 级，Q390 钢、Q420 钢、Q460 钢应选用 E 级。

(3)　需验算疲劳的非焊接结构，其钢材质量等级要求可较上述焊接结构降低一级但不应低于 B 级。吊车起重量不小于 50t 的中级工作制吊车梁，其质量等级要求应与需要验算疲劳的构件相同。

2. 工作温度不高于-20℃的受拉构件及承重构件的受拉板材的规定

(1) 所用钢材厚度或直径不宜大于 40mm，质量等级不宜低于 C 级。

(2) 当钢材厚度或直径不小于 40mm，其质量等级不宜低于 D 级。

(3) 重要承重结构的受拉板材宜满足现行国家标准《建筑结构用钢板》(GB/T 19879—2015)的要求。

在 T 形、十字形和角形焊接的连接节点中，当其板件厚度不小于 40mm 且沿板厚方向有较高撕裂拉力作用，包括较高约束拉应力作用时，该部位板件钢材宜具有厚度方向抗撕裂性能即 Z 向性能的合格保证，其沿板厚方向断面收缩率不小于按现行国家标准《厚度方向性能钢板》(GB/T 5313)规定的 Z15 级允许限值。钢板厚度方向承载性能等级应根据节点形式、板厚、熔深或焊缝尺寸、焊接时节点拘束度以及预热、后热情况等综合确定。

3. 采用塑性设计的结构及进行弯矩调幅的构件，所采用的钢材的规定

(1) 屈强比不应大于 0.85。

(2) 钢材应有明显的屈服台阶，且伸长率不应小于 20%。

钢管结构中的无加劲直接焊接相贯节点，其管材的屈强比不宜大于 0.8；与受拉构件焊接连接的钢管，当管壁厚度大于 25mm 且沿厚度方向承受较大拉应力时，应采取措施防止层状撕裂。

4. 连接材料的选用规定

(1) 焊条或焊丝的型号和性能应与相应母材的性能相适应，其熔敷金属的力学性能应符合设计规定，且不应低于相应母材标准的下限值。

(2) 对直接承受动力荷载或需要验算疲劳的结构，以及低温环境下工作的厚板结构，宜采用低氢型焊条。

(3) 连接薄钢板采用的自攻螺钉、钢拉铆钉(环槽铆钉)、射钉等应符合有关标准的规定。

锚栓可选用 Q235、Q345、Q390 或强度更高的钢材，其质量等级不宜低于 B 级。工作温度不高于-20℃时，锚栓尚应满足本节第 4 条的要求。

【案例 2-1】某厂房准备建 200 米长，20 米宽，12 米高的钢结构厂房，整长 399 米，宽 179 米的大钢结构厂房，中间跨度为 25 米、27 米。

请结合上文分析如何进行钢材的选用及选用的规格如何确定？

2.2　钢结构材料设计指标

2.2.1　钢材的设计强度指标

视频　钢结构材料.mp4

音频　影响钢材力学性能的因素.mp3

钢材的设计用强度指标，应根据钢材牌号、厚度或直径按表 2-1 采用。

表 2-1　钢材的设计用强度指标　　N/mm^2

钢材牌号		钢材厚度或直径(mm)	强度设计值			屈服强度 f_y	抗拉强度 f_u
			抗拉、抗压、抗弯 f	抗剪 f_v	端面承压(刨平顶紧) f_{ce}		
碳素结构钢	Q235	≤16	215	125	320	235	370
		＞16，≤40	205	120		225	
		＞40，≤100	200	115		215	
低合金高强度结构钢	Q345	≤16	305	175	400	345	470
		＞16，≤40	295	170		335	
		＞40，≤63	290	165		325	
		＞63，≤80	280	160		315	
		＞80，≤100	270	155		305	
	Q390	≤16	345	200	415	390	490
		＞16，≤40	330	190		370	
		＞40，≤63	310	180		350	
		＞63，≤100	295	170		330	
	Q420	≤16	375	215	440	420	520
		＞16，≤40	355	205		400	
		＞40，≤63	320	185		380	
		＞63，≤100	305	175		360	
	Q460	≤16	410	235	470	460	550
		＞16，≤40	390	225		440	
		＞40，≤63	355	205		420	
		＞63，≤100	340	195		400	

注：① 表中直径指实芯棒材直径，厚度是指计算点的钢材或钢管壁厚度，对轴心受拉和轴心受压构件是指截面中较厚板件的厚度。

② 冷弯型钢材和冷弯钢管，其强度设计值应按现行有关国家标准的规定采用。

钢筋的冷弯试验.docx

2.2.2 钢板的设计强度指标

建筑结构用钢板的设计用强度指标，可根据钢材牌号、厚度或直径按表 2-2 采用。

表 2-2 建筑结构用钢板的设计用强度指标 N/mm²

建筑结构用钢板	钢材厚度或直径(mm)	强度设计值			屈服强度 f_y	抗拉强度 f_u
		抗拉、抗压、抗弯 f	抗剪 f_v	端面承压(刨平顶紧) f_{ce}		
Q345GJ	>16，≤50	325	190	415	345	490
	>50，≤100	300	175		335	

【案例 2-2】自 1974 年加拿大颁布以近似概率理论为基础的钢结构设计规范以来，应用以概率理论为基础的极限状态设计法和分项系数设计表达式就成为国际上钢结构设计规范的趋势。目前，欧洲、加拿大、澳大利亚和中国等国家和地区的钢结构设计规范均采用了分项系数表达的极限状态设计法；美国的钢结构设计规范则同时包括了容许应力法和分项系数设计法。

请结合上文分析钢结构材料设计指标主要有哪些？

2.2.3 结构用无缝钢管的设计强度指标

结构用无缝钢管的设计强度指标应按表 2-3 采用。

表 2-3 结构设计用无缝钢管的强度指标 N/mm²

钢管钢材牌号	壁厚(mm)	强度设计值			屈服强度 f_y	抗拉强度 f_u
		抗拉、抗压和抗弯 f	抗剪 f_v	端面承压(刨平顶紧)f_{ce}		
Q235	≤16	215	125	320	235	375
	>16，≤30	205	120		225	
	>30	195	115		215	
Q345	≤16	305	175	400	345	470
	>16，≤30	290	170		325	
	>30	260	150		295	
Q390	≤16	345	200	415	390	490
	>16，≤30	330	190		370	
	>30	310	180		350	

续表

钢管钢材牌号	壁厚(mm)	强度设计值			屈服强度 f_y	抗拉强度 f_u
		抗拉、抗压和抗弯 f	抗剪 f_v	端面承压(刨平顶紧) f_{ce}		
Q420	≤16	375	220	445	420	520
	>16，≤30	355	205		400	
	>30	340	195		380	
Q460	≤16	410	240	470	460	550
	>16，≤30	390	225		440	
	>30	355	205		420	

2.2.4 铸钢件的设计强度指标

铸钢件的强度设计值应按表 2-4 采用。

表 2-4 铸钢件的强度设计值

N/mm^2

类 别	钢 号	铸件厚度(mm)	抗拉、抗压和抗弯 f	抗剪 f_v	端面承压(刨平顶紧) f_{ce}
非焊接结构用铸钢件	ZG230-450	≤100	180	105	290
	ZG270-500		210	120	325
	ZG310-570		240	140	370
焊接结构用铸钢件	ZG230-450H	≤100	180	105	290
	ZG270-480H		210	120	310
	ZG300-500H		235	135	325
	ZG340-550H		265	150	355

注：表中强度设计值仅适用于本表规定的厚度。

本章小结

本章主要阐述了钢结构的材料与钢结构材料的设计指标。本章的主要知识点如下：钢材的牌号和符号；钢材的规格与表示方法；钢材的选用；钢材的设计强度指标；钢板的设计强度指标；结构用无缝钢管的设计强度指标；铸钢件的设计强度指标。

实训练习

一、单选题

1. 钢号 Q345A 中的 345 表示钢材的(　　)。

A. f_p值　　B. f_u值　　C. f_y值　　D. f_{vy}值

2. 结构工程中使用钢材的塑性指标，目前最主要用(　　)表示。

A. 流幅　　B. 冲击韧性　C. 可焊性　　D. 伸长率

3. 为了保证焊接板梁腹板的局部稳定性，应根据腹板的高厚比$\frac{h_0}{t_w}$的不同情况配置加颈肋。当$80\sqrt{\frac{235}{f_y}}<\frac{h_0}{t_w}\leqslant 170\sqrt{\frac{235}{f_y}}$时，应(　　)。

A. 不须配置加劲肋　　B. 配置横向加劲肋

C. 配置横向和纵向加劲肋　　D. 配置横向、纵向和短加劲肋

4. 同类钢种的钢板，厚度越大，(　　)。

A. 强度越低　　B. 塑性越好　　C. 韧性越好　　D. 内部构造缺陷越少

5. 防止钢材发生分层撕裂的性能指标为(　　)。

A. 屈服点　　B. 伸长率　　C. Z 向收缩率　　D. 冷弯 180°

6. 36Mn2Si 表示该合金钢(　　)。

A. 主要合金元素有锰，锰的含量为 36%，硅含量为 2%

B. 含碳量 36‰，主要合金元素有锰 2%及硅在 1.5%以下

C. 主要合金元素有锰，含量为 35‰及硅含量 2‰

D. 含碳量 3.6‰，主要合金元素有锰 2%及硅在 1.5%以下

7. 某元素超量严重降低钢材的塑性及韧性，特别是在温度较低时促使钢材变脆。该元素是(　　)。

A. 硫　　B. 磷　　C. 碳　　D. 锰

8. 钢中硫和氧的含量超过限量时，会使钢材(　　)。

A. 变软　　B. 热脆　　C. 冷脆　　D. 变硬

9. 正常设计的钢结构，不会因偶然超载或局部超载而突然断裂破坏，这主要是由于材料具有(　　)。

A. 良好的韧性

B. 良好的塑性

C. 均匀的内部组织，非常接近于匀质和各向同性体

D. 良好的韧性和均匀的内部组织

10. 下列属于热轧钢板的是(　　)

A. 扁钢　　B. 角钢　　C. 工字钢　　D. H钢

二、多选题

1. 常见的冶金缺陷有(　　)。

A. 偏析　　B. 非金属夹杂　　C. 气孔

D. 裂纹　　E. 断裂

2. 疲劳破坏的过程大致分为三个阶段，即(　　)。

A. 裂纹形成　　B. 裂纹消失　　C. 裂纹扩展

D. 构件断裂　　E. 构件弯折

3. 选择钢材时要考虑以下(　　)方面的因素。

A. 结构的重要　　B. 荷载情况　　C. 连接方法

D. 钢材厚度　　E. 钢材产地

4. 钢的牌号由(　　)四个部分按顺序组成。

A. 屈服强度的字母　　B. 屈服强度数值　　C. 质量等级符号

D. 生产日期　　E. 脱氧方法符号

5. 钢材随时间的增长，其强度提高(　　)下降的现象称为时效硬化。

A. 塑性　　B. 脆性　　C. 展性

D. 韧性　　E. 刚度

三、简答题

1. 钢材中常见的冶金缺陷有哪几种？各种缺陷对钢材有哪些影响？

2. 影响钢材力学性能的因素有哪些？

3. 钢材的机械性能有哪几种？

4. Q235A和Q345B各代表何种钢材？说明各符号的意义。

5. 复杂应力作用下钢材的强度与单向应力作用下钢材的强度有何不同？

第2章答案.docx

实训工作单

<table>
<tr><td>班级</td><td></td><td>姓名</td><td></td><td>日期</td><td></td></tr>
<tr><td colspan="2">教学项目</td><td colspan="4">钢结构的材料</td></tr>
<tr><td>学习项目</td><td>钢材、钢板的设计强度指标；结构用无缝钢管的设计强度指标；铸钢件的设计强度指标</td><td>学习要求</td><td colspan="3">掌握钢材、钢板的设计强度指标；熟悉结构用无缝钢管的设计强度指标；了解铸钢件的设计强度指标</td></tr>
<tr><td colspan="2">相关知识</td><td colspan="4">钢材、钢板、无缝钢管的设计强度</td></tr>
<tr><td colspan="2">其他内容</td><td colspan="4">钢材的牌号、规格及选用</td></tr>
<tr><td colspan="6">学习记录</td></tr>
<tr><td>评语</td><td colspan="3"></td><td>指导老师</td><td></td></tr>
</table>

第 3 章　钢结构的连接

【教学目标】

- 了解钢结构常用的连接方法及其特点。
- 了解焊缝缺陷对承载能力的影响及质量检验方法。
- 熟悉减小和消除应力的方法。
- 熟练掌握普通螺栓连接的计算方法。

第 3 章　钢结构的连接.pptx

【教学要求】

本章要点	掌握层次	相关知识点
连接的种类和特点	掌握焊接和铆接的特点、熟悉螺栓连接的种类	焊接、铆接、螺栓连接、高强度螺栓
焊接连接	1. 熟悉焊接方法及焊接的一般规定。 2. 熟悉焊接的连接计算	焊接连接
连接强度设计值	1. 熟悉焊缝的强度指标。 2. 熟悉螺栓连接的强度指标。 3. 了解铆钉连接的强度设计值	连接强度设计值
焊接连接构造要求	1. 掌握焊接连接构造基本规定。 2. 熟悉塞焊、槽焊、角焊、对接连接规定。 3. 了解角焊缝、搭接连接角焊缝的尺寸规定	焊接连接构造要求
紧固件连接计算	1. 普通螺栓、锚栓或铆钉连接计算。 2. 高强度螺栓摩擦型、承压型连接计算	紧固件连接计算

【案例导入】

钢结构的连接是钢结构的重要组成部分，钢结构的建造(制作和安装)工作量大部分都在连接上。连接设计的合理与否，关系到结构的使用性能、施工难易和造价等诸多方面。

【问题导入】

结合本章内容，思考钢结构连接中需要注意哪些问题。

音频　钢结构常用的连接方法及其特点.mp3

3.1　连接的种类和特点

钢结构是由基本构件连接而成，基本构件又是由钢板或型钢连接而成的。因此，连接方式及其质量优劣直接影响钢结构的工作性能。钢结构的连接必须符合安全可靠、传力明确、构造简单、制造方便和节约钢材的原则。连接接头应有足够的强度，应有适宜施行连接手段的足够空间。钢结构的连接方法有焊接、铆接和螺栓连接三种，如图 3-1 所示。

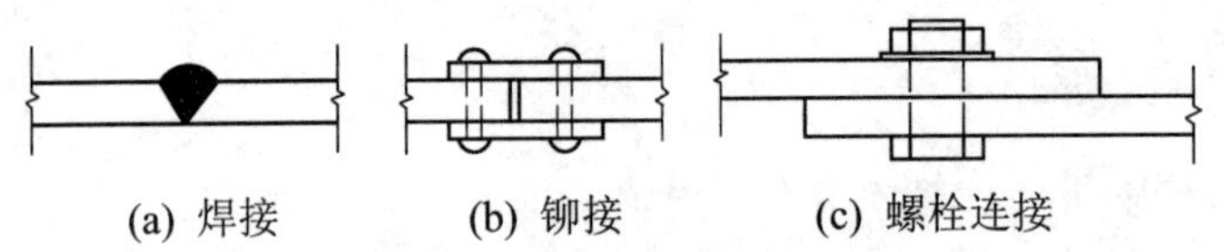

图 3-1　钢结构的连接方法

视频　钢结构的连接方法.mp4

3.1.1 焊接

焊接是钢结构所采用的最主要的连接方式。与铆接和螺栓连接相比具有如下优点。

(1) 钢材上不需要打孔钻眼，节省工时，又不削弱截面，使材料得到充分利用。

(2) 各种形状的构件可以直接相连，一般不需辅助零件，连接构造简单，传力路线短，适应面广。

(3) 焊缝连接的密封性好，结构刚度大，整体性好。

(4) 易采用自动化作业，提高焊接结构的质量。

视频　焊接.mp4

焊接.docx

焊接还存在下列缺点。

(1) 由于焊接时的高温作用，焊缝附近形成热影响区，在热影响区内的材质易变脆。

(2) 焊接后会产生残余应力和残余变形，对结构有不良影响。

(3) 焊接结构刚度较大，对裂纹很敏感，一旦产生局部裂纹就很容易扩展，尤其在低温下更容易发生脆断。

3.1.2 铆接

铆接连接构造复杂，费料又费工，目前在钢结构中已很少采用。但铆接的塑性和韧性比焊接好，传力均匀可靠，质量检查也很方便，因此对经常承受动力荷载的重要结构，有时仍有采用铆接的，如铁路桥梁等。

铆接.docx

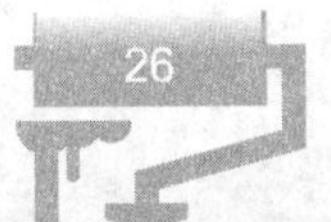

3.1.3 螺栓连接

螺栓连接有普通螺栓连接和高强螺栓连接两类。普通螺栓分 A、B 和 C 三级。A 级与 B 级为精制螺栓，C 级为粗制螺栓。粗制螺栓制作精度较差，栓径与孔径之差为 1.5～3mm，便于制作与安装；精制螺栓其栓径与孔径之差只有 0.3～0.5mm，受力性能比粗制螺栓好，但制作与安装费工。

C 级螺栓由未经加工的圆钢压制而成。一般采用在零件上一次冲成或不用钻模钻成设计孔径的孔(Ⅱ类孔)。A 级和 B 级精制螺栓是由毛坯在车床上经过切削加工精制而成，表面光滑，尺寸准确，对成孔(Ⅰ类孔)质量要求高，价格较高。

C 级螺栓材料性能等级为 4.6 级或 4.8 级。小数点前的数字表示螺栓成品的抗拉强度不小于 400N/mm^2，小数点及小数点后的数字表示其屈强比(屈服点与抗拉强度之比)为 0.6 或 0.8。A 级与 B 级螺栓材料性能等级为 5.6 级或 8.8 级。

3.1.4 高强度螺栓

高强度螺栓采用强度较高的钢材制作。安装时将螺帽拧紧，使螺栓产生预拉力将构件接触面压紧，依靠接触面间的摩擦力来阻止其相互滑移，以达到传递外力的目的。高强度螺栓具有连接紧密、受力良好、耐疲劳、可拆换、安装简单、便于养护及在动态荷载作用下不易松动等优点。目前我国在桥梁、大跨度房屋及工业厂房钢结构中，已广泛采用高强度螺栓。

高强度螺栓.docx

3.2 焊接连接

3.2.1 焊接方法

钢结构常用的焊接方法有手工电弧焊、自动或半自动埋弧焊及气体保护焊等。

1. 自动或半自动埋弧焊

自动或半自动埋弧焊的原理如图 3-2 所示。其特点是焊丝成卷装置在焊丝转盘上，焊丝外表裸露不涂焊剂(焊药)。焊剂成散状颗粒装置在焊剂漏斗中。通电引弧后，当电弧下的焊丝和附近焊件金属熔化时，焊剂也不断地从漏斗流下，将熔融的焊缝用金属覆盖，其中部分焊剂将熔成焊渣浮在熔融的焊缝金属表面。由于有了覆盖层，焊接时看不见强烈的电弧

光，故称为埋弧焊。当埋弧焊的全部装备固定在小车上，由小车按规定速度沿轨道前进进行焊接时，这种方法称为自动埋弧焊。如果焊机的移动是由人工操作，则称为半自动埋弧焊。

由于自动埋弧焊有焊剂和熔渣覆盖保护，电弧热量集中，熔深大，可以焊接较厚的钢板，同时由于采用了自动化操作，焊接工艺条件好，焊缝质量稳定，焊缝内部缺陷少，塑性和韧性好，因此其质量比手工电弧焊好。但它只适合于焊接较长的直线焊缝。半自动埋弧焊质量介于二者之间，因由人工操作，故适合于焊接曲线或任意形状的焊缝。另外自动或半自动埋弧焊的焊接速度快，生产效率高，成本低，劳动条件好。

自动或半自动埋弧焊应采用与焊件金属强度匹配的焊丝。焊丝和焊剂均应符合国家标准的规定，焊剂种类根据焊接工艺要求确定。

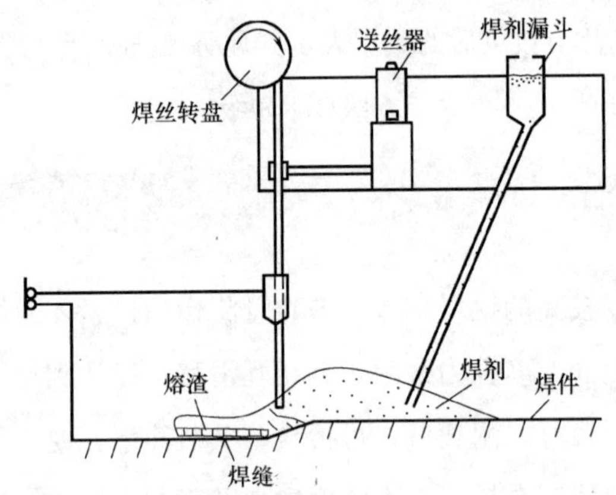

图 3-2　自动焊原理

2. 手工电弧焊

手工电弧焊是钢结构中最常用的焊接方法，其设备简单，操作灵活方便，实用性强，应用极广泛。但其生产效率比自动或半自动焊低，质量较差，且变异性大，焊缝质量在一定程度上取决于焊工的技术水平，劳动条件差。

手工电弧焊的原理示意图如图 3-3 所示。它是由焊条、焊钳、焊件、电焊机和导线等组成电路。通电后，在涂有焊药的焊条端和焊件间的间隙中产生电弧，使焊条熔化，滴入被电弧吹成的焊件熔池中。同时焊药燃烧，在熔池周围形成保护气体，稍冷后在熔化金属的表面上形成熔渣，隔绝熔池中的液体金属和空气中的氧和氮等气体的接触，避免形成脆性易裂的化合物。冷却后与焊件熔成一体形成焊缝。

手工电弧焊常用的焊条有碳钢焊条和低合金钢焊条，其牌号有 E43 型(E4300～E4328)、E50 型(E5000～E5048)和 E55 型(E5500～E5518)等。其中 E 表示焊条，前两位数字表示焊条熔敷金属抗拉强度的最小值(单位为 kgf/mm^2)，第三、四位数字表示适用焊接位置、电流以及药皮类型等。手工焊采用的焊条应符合国家标准的规定。

在选用焊条时，应与主体金属相匹配。一般情况下，对 Q235 钢采用 E43 型焊条，对 Q345 钢采用 E50 型焊条，对 Q390 钢和 Q420 钢采用 E55 型焊条。当不同强度的两种钢材进行连接时，宜采用与低强度钢材相适应的焊条。

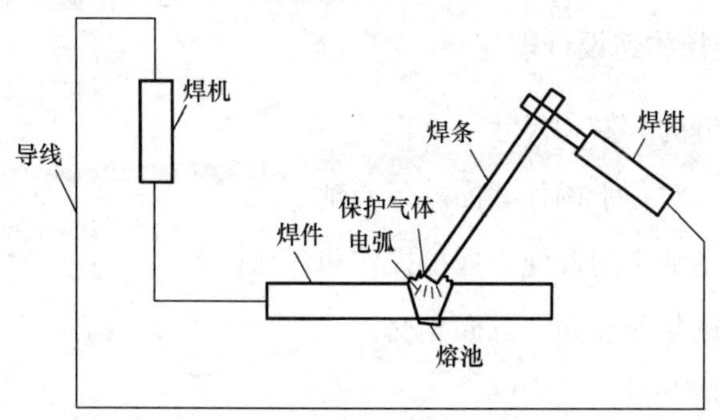

图 3-3 手工电弧焊原理

3. 气体保护焊

气体保护焊的原理是在焊接时用喷枪喷出的惰性气体或 CO_2 气体把电弧、熔池与大气隔离，使焊接过程中在电弧周围造成局部保护层，从而保证焊接过程的稳定。操作时可用自动或半自动焊方式。由于焊接时没有熔渣，故便于观察焊缝的成型过程，但操作时须在室内避风处，若在工地施焊则须搭设防风棚。

音频 焊缝质量等级的选用方法.mp3

气体保护焊的电弧加热集中，焊接速度较快，焊件熔深大，热影响区较窄，焊接变形较小，焊缝强度比手工焊高，且具有较高的抗锈能力。它适用于全位置的焊接，但设备较复杂，电弧光较强，金属飞溅多，焊缝表面成型不如埋弧焊平滑。

3.2.2 连接的一般规定

1. 焊缝连接的规定

(1) 钢结构构件的连接应根据施工环境条件和作用力的性质选择其连接方法。

(2) 同一连接部位中不得采用普通螺栓或承压型高强度螺栓与焊接共用的连接；在改、扩建工程中作为加固补强措施，可采用摩擦型高强度螺栓与焊接承受同一作用力的栓焊并用连接，其计算与构造宜符合行业标准《钢结构高强度螺栓连接技术规程》(JGJ82—2011)第 5.5 节的规定。

(3) C 级螺栓宜用于沿其杆轴方向受拉的连接，在下列情况下可用于受剪连接。

① 承受静力荷载或间接承受动力荷载结构中的次要连接。

② 承受静力荷载的可拆卸结构的连接。

③ 临时固定构件用的安装连接。

(4) 沉头和半沉头铆钉不得用于其杆轴方向受拉的连接。

2. 钢结构焊接连接构造设计规定

(1) 尽量减少焊缝的数量和尺寸。

(2) 焊缝的布置宜对称于构件截面的形心轴。

(3) 节点区留有足够空间，便于焊接操作和焊后检测。

(4) 应避免焊缝密集和双向、三向相交。

(5) 焊缝位置宜避开最大应力区。

(6) 焊缝连接宜选择等强配比；当不同强度的钢材连接时，可采用与低强度钢材相匹配的焊接材料。

3. 焊缝质量等级的选用原则

焊缝的质量等级应根据结构的重要性、荷载特性、焊缝形式、工作环境以及应力状态等情况，按下列原则选用。

(1) 在承受动荷载且需要进行疲劳验算的构件中，凡要求与母材等强连接的焊缝应焊透，其质量等级应符合下列规定。

① 作用力垂直于焊缝长度方向的横向对接焊缝或 T 形对接与角接组合焊缝，受拉时应为一级，受压时不应低于二级。

② 作用力平行于焊缝长度方向的纵向对接焊缝不应低于二级。

③ 重级工作制(A6～A8)和起重量 $Q \geqslant 50$t 的中级工作制(A4、A5)吊车梁的腹板与上翼缘之间以及吊车桁架上弦杆与节点板之间的 T 形连接部位焊缝应焊透，焊缝形式宜为对接与角接的组合焊缝，其质量等级不应低于二级。

(2) 在工作温度等于或低于-20℃的地区，构件对接焊缝的质量不得低于二级。

(3) 不需要疲劳验算的构件中，凡要求与母材等强的对接焊缝宜焊透，其质量等级受拉时不应低于二级，受压时不宜低于二级。

(4) 部分焊透的对接焊缝、采用角焊缝或部分焊透的对接与角接组合焊缝的 T 形连接部位，以及搭接连接角焊缝，其质量等级应符合下列规定。

① 直接承受动荷载且需要疲劳验算的结构和吊车起重量等于或大于 50t 的中级工作制吊车梁以及梁柱、牛腿等重要节点不应低于二级。

② 其他结构可为三级。

焊接工程中，首次采用的新钢种应进行焊接性试验，合格后应根据现行国家标准《钢结构焊接规范》(GB 50661—2011)的规定进行焊接工艺评定。

钢结构的安装连接应采用传力可靠、制作方便、连接简单、便于调整的构造形式，并应考虑临时定位措施。

3.2.3 焊接连接计算

1. 全熔透对接焊缝或对接与角接组合焊缝强度计算规则

(1) 在对接和 T 形连接中，垂直于轴心拉力或轴心压力的对接焊接或对接角接组合焊缝，其强度应按下式计算：

$$\sigma=\frac{N}{l_w h_e} \leqslant f_t^w \text{或} f_c^w \tag{3-1}$$

式中：N——轴心拉力或轴心压力(N)；

l_w——焊缝长度(mm)；

h_e——对接焊缝的计算厚度(mm)，在对接连接节点中取连接件的较小厚度，在 T 形连接节点中取腹板的厚度；

f_t^w、f_c^w——对接焊缝的抗拉、抗压强度设计值(N/mm^2)。

(2) 在对接和 T 形连接中，承受弯矩和剪力共同作用的对接焊缝或对接角接组合焊缝，其正应力和剪应力应分别进行计算。但在同时受有较大正应力和剪应力处(如梁腹板横向对接焊缝的端部)应按下式计算折算应力：

$$\sqrt{\sigma^2+3\tau^2} \leqslant 1.1 f_t^w \tag{3-2}$$

2. 直角角焊缝强度计算规定

(1) 在通过焊缝形成的拉力、压力或剪力作用下：

正面角焊缝(作用力垂直于焊缝长度方向)：

$$\sigma_f=\frac{N}{h_e l_w} \leqslant \beta_f f_f^w \tag{3-3}$$

侧面角焊缝(作用力平行于焊缝长度方向)：

$$\tau_f=\frac{N}{h_e l_w} \leqslant f_f^w \tag{3-4}$$

(2) 在各种力综合作用下，σ_f 和 τ_f 共同作用处：

$$\sqrt{\left(\frac{\sigma_f}{\beta_f}\right)^2+\tau_f^{\,2}}\leqslant f_f^w \tag{3-5}$$

式中：σ_f——按焊缝有效截面($h_e l_w$)计算，垂直于焊缝长度方向的应力(N/mm²)；

τ_f——按焊缝有效截面计算，沿焊缝长度方向的剪应力(N/mm²)；

h_e——对接焊缝的计算厚度(mm)，当两焊件间隙 $b\leqslant$1.5mm 时，h_e=0.7 h_f；1.5mm<$b\leqslant$5mm 时，h_e=0.7(h_f－b)，h_f 为焊脚尺寸，如图 3-4 所示；

l_w——角焊缝的计算长度(mm)，对每条焊缝取其实际长度减去 2 h_f；

f_f^w——角焊缝的强度设计值(N/mm²)；

β_f——正面角焊缝的强度设计值增大系数：对承受静力荷载和间接承受动力荷载的结构，β_f=1.22；对直接承受动力荷载的结构，β_f=1.0。

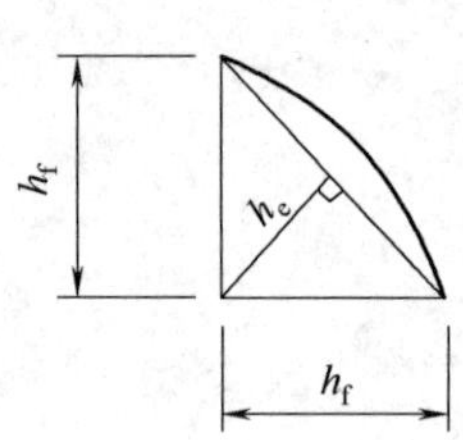

(a) 等边直角焊缝截面

(b) 不等边直角焊缝截面

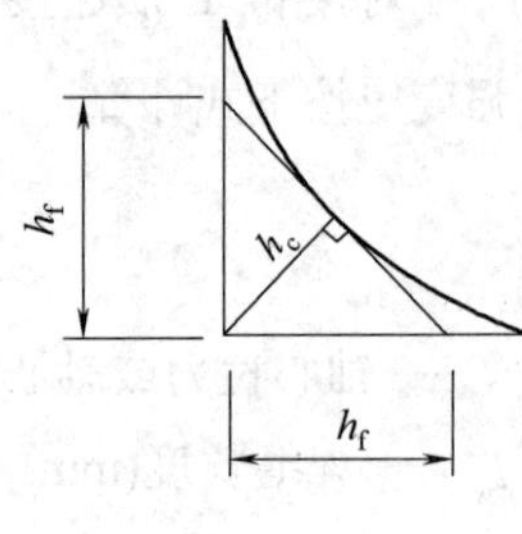

(c) 等边凹形直角焊缝截面

图 3-4　直角角焊缝截面

3. 斜角角焊缝计算规定

两焊脚边夹角 60° $\leqslant\alpha\leqslant$135° T 形连接的斜角角焊缝，如图 3-5 所示，其强度应按式(3-3)～式(3-5)计算，但取 β_f=1.0，其计算厚度 h_e，如图 3-6 所示的计算应符合下列规定：

(1) 当根部间隙 b、b_1 或 $b_2\leqslant$1.5mm 时，$h_e=h_f\cos\dfrac{\alpha}{2}$；

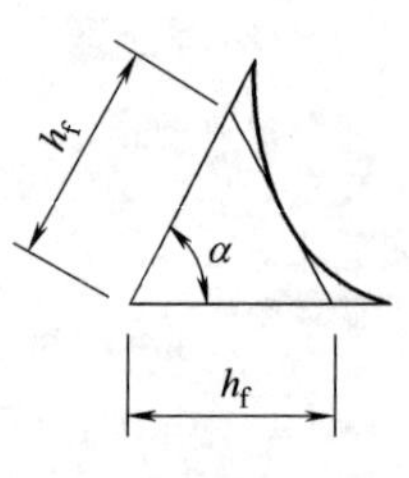

(a) 凹形锐角焊缝截面

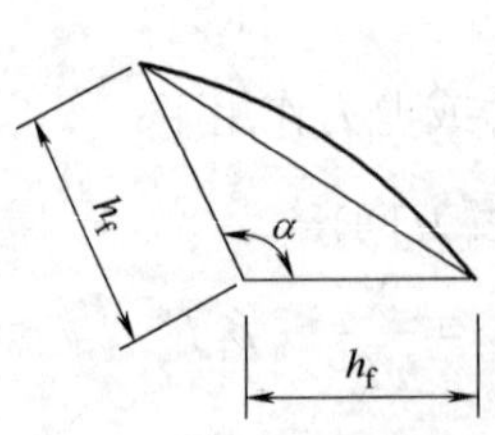

(b) 钝角焊缝截面

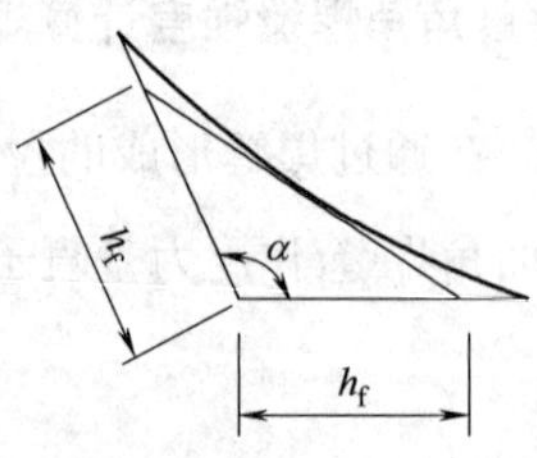

(c) 凹形钝角焊缝截面

图 3-5　T 形连接的斜角角焊缝截面

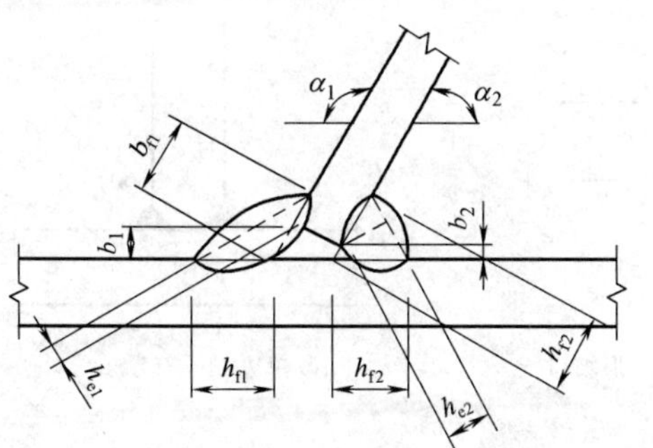

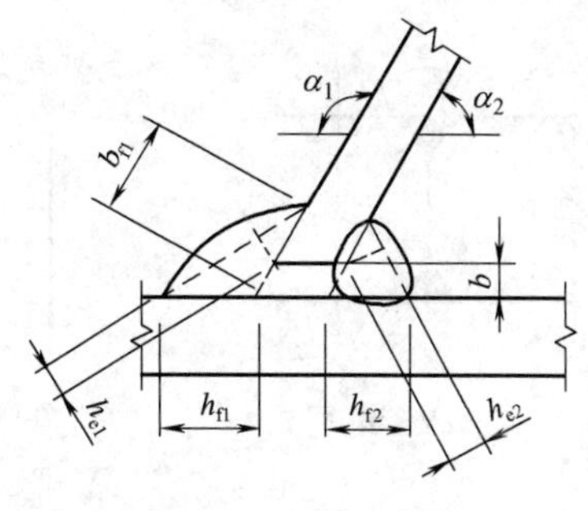

图 3-6　T 形连接的根部间隙和焊缝截面

(2) 当根部间隙 b、b_1 或 b_2≤1.5mm 但≤5mm 时，$h_e=\left[h_f-\dfrac{b(或b_1、b_2)}{\sin\alpha}\right]\cos\dfrac{\alpha}{2}$；

(3) 当 30° ≤α≤60° 或α＜30° 时，斜角角焊缝计算厚度 h_e 应按现行国家标准《钢结构焊接规范》(GB 50661—2011)的有关规定计算取值。

4. 部分熔透的对接焊缝

部分熔透的对接焊缝如图 3-7 所示，和 T 形对接与角接组合焊缝的强度如图 3-7(c)所示，应按式(3-3)～式(3-5)计算，当熔合线处焊缝截面边长等于或接近于最短距离 s 时，抗剪强度设计值应按角焊缝的强度设计值乘以 0.9。在垂直于焊缝长度方向的压力作用下，取 β_f=1.22，其他情况 β_f=1.0，其计算厚度 h_e(mm)宜按下列规定取值，其中 s 为坡口深度，即根部至焊缝表面(不考虑余高)的最短距离(mm)；α 为 V 形、单边 V 形或 K 形坡口角度：

(1) V 形坡口：当α ≥60° 时，$h_e=s$；当α ＜60° 时，$h_e=0.75s$；

(2) 单边 V 形和 K 形坡口：当α=45°±5°时，$h_e=s-3$；

(3) U 形和 J 形坡口：当$\alpha=45°\pm5°$时，$h_e=s$。

5. 圆形塞焊焊缝和圆孔或槽孔内角焊缝的强度计算

圆形塞焊焊缝和圆孔或槽孔内角焊缝的强度应分别按式(3-6)、式(3-4)计算：

$$\tau_f=\frac{N}{A_w}\leqslant f_f^w \tag{3-6}$$

式中：A_w——塞焊圆孔面积；

l_w——圆孔内或槽孔内角焊缝的计算长度。

6. 角焊缝的搭接焊接连接

角焊缝的搭接焊接连接中，当焊缝计算长度 l_w 超过 60 h_f 时，焊缝的承载力设计值应乘以折减系数 α_f，$\alpha_f=1.5-\dfrac{l_w}{120h_f}$，并不小于 0.5。

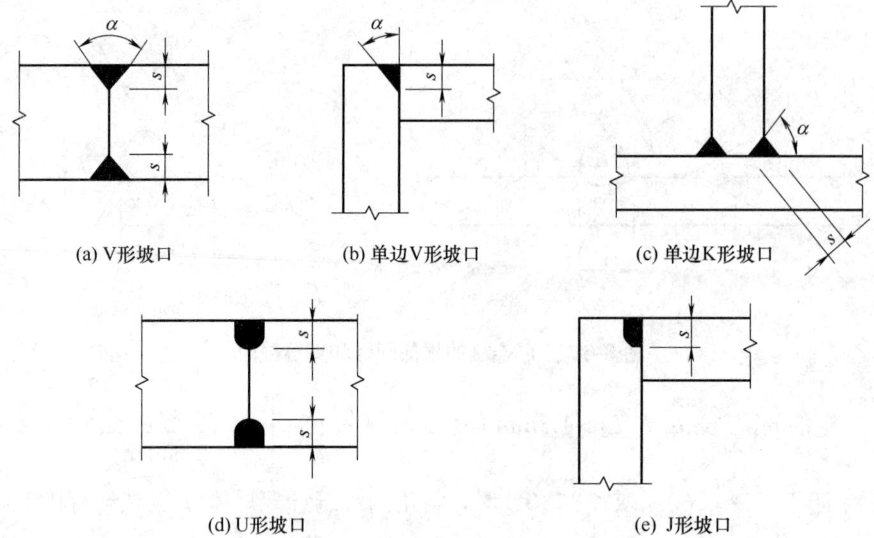

图 3-7　部分熔透的对接焊缝和 T 形对接与角接焊缝的组合焊缝截面

7. 焊接截面工字形梁翼缘与腹板的焊缝连接强度计算规定

(1) 双面角焊缝连接，其强度应按下式计算，当梁上翼缘受有固定集中荷载时，宜在该处设置顶紧上翼缘的支承加劲肋，按式(3-7)计算时取 F=0：

$$\frac{1}{2h_e}\sqrt{\left(\frac{VS_f}{I}\right)^2+\left(\frac{\psi F}{\beta_f l_z}\right)^2}\leqslant f_f^w \tag{3-7}$$

式中：S_f ——所计算翼缘毛截面对梁中和轴的面积矩；

I ——梁的毛截面惯性矩。

(2) 当腹板与翼缘的连接焊缝采用焊透的 T 形对接与角接组合焊缝时，其焊缝强度可不计算。

3.3　连接强度设计值

3.3.1 焊缝的强度指标

焊缝的强度指标应按表 3-1 采用并符合下列规定。

表 3-1　焊缝的强度指标　　N/mm²

焊接方法和焊条型号	构件钢材		对焊缝强度设计值				角焊缝强度设计值	对接焊缝抗拉强度 f_u^w	角焊缝抗拉、抗压和抗剪强度 f_u^f
	牌号	厚度或直径(mm)	抗压 f_c^w	焊缝质量为下列等级时，抗拉 f_t^w		抗剪 f_v^w	抗拉、抗压和抗剪 f_f^w		
				一级、二级	三级				
自动焊、半自动焊和E43 型焊条手工焊	Q235	≤16	215	215	185	125	160	415	240
		>16，≤40	205	205	175	120			
		>40，≤100	200	200	170	115			
自动焊、半自动焊和E50、E55 型焊条手工焊	Q345	≤16	305	305	260	175	200	480(E50) 540(E55)	280(E50) 315(E55)
		>16，≤40	295	295	250	170			
		>40，≤63	290	290	245	165			
		>63，≤80	280	280	240	160			
		>80，≤100	270	270	230	155			
	Q390	≤16	345	345	295	200	200(E50) 220(E55)		
		>16，≤40	330	330	280	190			
		>40，≤63	310	310	265	180			
		>63，≤100	295	295	250	170			
自动焊、半自动焊和E55、E60 型焊条手工焊	Q420	≤16	375	375	320	215	220(E55) 240(E60)	540(E55) 590(E60)	315(E55) 340(E60)
		>16，≤40	355	355	300	205			
		>40，≤63	320	320	270	185			
		>63，≤100	305	305	260	175			
自动焊、半自动焊和E55、E60 型焊条手工焊	Q460	≤16	410	410	350	235	220(E55) 240(E60)	540(E55) 590(E60)	315(E55) 340(E60)
		>16，≤40	390	390	330	225			
		>40，≤63	355	355	300	205			
		>63，≤100	340	340	290	195			
自动焊、半自动焊和E50、E55 型焊条手工焊	Q345GJ	>16，≤35	310	310	265	180	200	480(E50) 540(E55)	280(E50) 315(E55)
		>35，≤50	290	290	245	170			
		>50，≤100	285	285	240	165			

注：表中厚度是指计算点的钢材厚度，对轴心受拉和轴心受压构件是指截面中较厚板件的厚度。

(1)　手工焊用焊条、自动焊和半自动焊所采用的焊丝和焊剂，应保证其熔敷金属的力学性能不低于母材的性能。

(2) 焊缝质量等级应符合现行国家标准《钢结构焊接规范》(GB 50661—2011)的规定，其检验方法应符合现行国家标准《钢结构工程施工质量验收规范》(GB 50205—2001)的规定。其中厚度小于 6mm 钢材的对接焊缝，不应采用超声波探伤确定焊缝质量等级。

焊缝形式.docx

(3) 对接焊缝在受压区的抗弯强度设计值取 f_c^w，在受拉区的抗弯强度设计值取 f_t^w。

(4) 计算下列情况的连接时，表 3-1 规定的强度设计值应乘以相应的折减系数；几种情况同时存在时，其折减系数应连乘。具体情况如下。

① 施工条件较差的高空安装焊缝乘以系数 0.9。

② 进行无垫板的单面施焊对接焊缝的连接计算应乘折减系数 0.85。

3.3.2 螺栓连接的强度指标

螺栓类型.docx

螺栓连接的强度指标见表 3-2 所示。

表 3-2 螺栓连接的强度指标 N/mm²

螺栓的性能等级、锚栓和构建钢材的牌号		强度设计值										高强度螺栓的抗拉强度 f_u^b
		普通螺栓						锚栓	承压型连接或网架用高强度螺栓			
		C 级螺栓			A 级、B 级螺栓							
		抗拉 f_t^b	抗剪 f_v^b	承压 f_c^b	抗拉 f_t^b	抗剪 f_v^b	承压 f_c^b	抗拉 f_t^b	抗拉 f_t^b	抗剪 f_v^b	承压 f_c^b	
普通螺栓	4.6 级、4.8 级	170	140	—	—	—	—	—	—	—	—	—
	5.6 级	—	—	—	210	190	—	—	—	—	—	—
	8.8 级	—	—	—	400	320	—	—	—	—	—	—
锚栓	Q235	—	—	—	—	—	—	140	—	—	—	—
	Q345	—	—	—	—	—	—	180	—	—	—	—
	Q390	—	—	—	—	—	—	185	—	—	—	—
承压型连接高强度螺栓	8.8 级	—	—	—	—	—	—	—	400	250	—	830
	10.9 级	—	—	—	—	—	—	—	500	310	—	1040
螺栓球节点用高强度螺栓	9.8 级	—	—	—	—	—	—	—	385	—	—	—
	10.9 级	—	—	—	—	—	—	—	430	—	—	—

续表

螺栓的性能等级、锚栓和构建钢材的牌号		强度设计值										高强度螺栓的抗拉强度 f_u^b
		普通螺栓						锚栓	承压型连接或网架用高强度螺栓			
		C 级螺栓			A 级、B 级螺栓							
		抗拉、f_t^b	抗剪 f_v^b	承压 f_c^b	抗拉 f_t^b	抗剪 f_v^b	承压 f_c^b	抗拉 f_t^b	抗拉 f_t^b	抗剪 f_v^b	承压 f_c^b	
构件钢材牌号	Q235	—	—	305	—	—	405	—	—	—	470	—
	Q345	—	—	385	—	—	510	—	—	—	590	—
	Q390	—	—	400	—	—	530	—	—	—	615	—
	Q420	—	—	425	—	—	560	—	—	—	655	—
	Q460	—	—	450	—	—	595	—	—	—	695	—
	Q345GJ	—	—	400	—	—	530	—	—	—	615	—

注：① A 级螺栓用于 $d \leqslant 24$mm 和 $L \leqslant 10d$ 或 $L \leqslant 150$mm(按较小值)的螺栓；B 级螺栓用于 $d > 24$mm 和 $L > 10d$ 或 $L > 150$mm(按较小值)的螺栓；d 为公称直径，L 为螺栓公称长度。

② A、B 级螺栓孔的精度和孔壁表面粗糙度，C 级螺栓孔的允许偏差和孔壁表面粗糙度，均应符合现行国家标准《钢结构工程施工质量验收规范》(GB 50205)的要求。

③ 用于螺栓球节点网架的高强度螺栓，M12～M36 为 10.9 级，M39～M64 为 9.8 级。

3.3.3 铆钉连接的强度设计值

铆钉连接的强度设计值应按表 3-3 采用，并应按下列规定乘以相应的折减系数，当下列几种情况同时存在时，其折减系数应连乘。

(1) 施工条件较差的铆钉连接乘以系数 0.9。

(2) 沉头和半沉头铆钉连接乘以系数 0.8。

表 3-3　铆钉连接的强度设计值　N/mm²

铆钉钢号和构件钢材牌号		抗拉(钉头拉脱) f_t^r	抗剪 f_v^r		承压 f_c^r	
			Ⅰ类孔	Ⅱ类孔	Ⅰ类孔	Ⅱ类孔
铆钉	BL2 或 BL3	120	185	155	—	—
构件钢材牌号	Q235	—	—	—	450	365
	Q345	—	—	—	565	460
	Q390	—	—	—	590	480

注：① 属于下列情况者为Ⅰ类孔：a. 在装配好的构件上按设计孔径钻成的孔；b. 在单个零件和构件上按设计孔径分别用钻模钻成的孔；c. 在单个零件上先钻成或冲成较小的孔径，然后在装配好的构件上再扩钻至设计孔径的孔。

② 在单个零件上一次冲成或不用钻模钻成设计孔径的孔属于Ⅱ类孔。

3.4 焊接连接构造要求

3.4.1 焊接连接构造基本规定

受力和构造焊缝可采用对接焊缝、角接焊缝、对接角接组合焊缝、塞焊焊缝、槽焊焊缝，重要连接或有等强度要求的对接焊缝应为熔透焊缝，较厚板件或无须焊透时可采用部分熔透焊缝。

对接焊缝的坡口形式，宜根据板厚和施工条件按现行国家标准《钢结构焊接规范》(GB 50661)要求选用。

不同厚度和宽度的材料对接时，应作平缓过渡，其连接处坡度值不宜大于 1∶2.5，如图 3-8、图 3-9 所示。

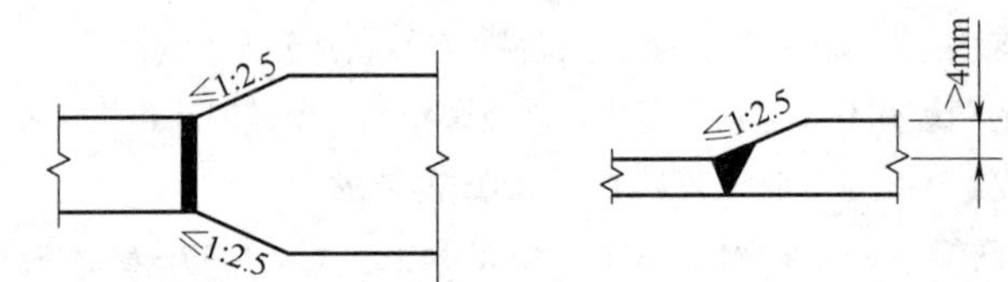

图 3-8 不同宽度或厚度钢板的拼接

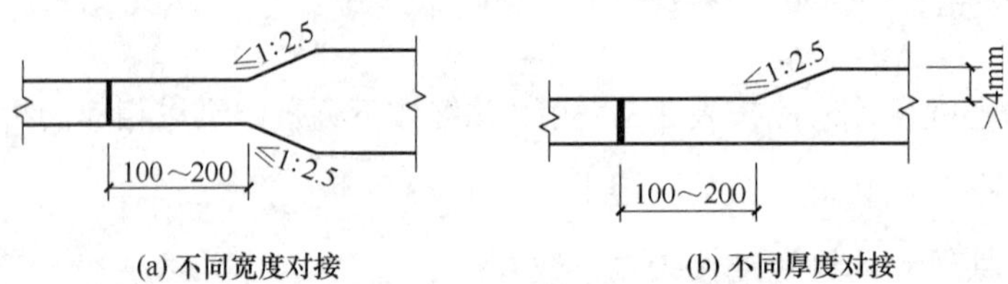

图 3-9 不同宽度或厚度铸钢件的拼接

3.4.2 塞焊、槽焊、角焊、对接连接规定

承受动荷载时，塞焊、槽焊、角焊、对接连接应符合下列规定。

(1) 承受动荷载不需要进行疲劳验算的构件，采用塞焊、槽焊时，孔或槽的边缘到构件边缘在垂直于应力方向上的间距不应小于此构件厚度的五倍，且不应小于孔或槽宽度的两倍；构件端部搭接连接的纵向角焊缝长度不应小于两侧焊缝间的垂直间距 a，且在无塞焊、槽焊等其他措施时，间距 a 不应大于较薄件厚度 t 的 16 倍。

(2) 不得采用焊脚尺寸小于 5mm 的角焊缝。

(3) 严禁采用断续坡口焊缝和断续角焊缝。

(4) 对接与角接组合焊缝和 T 形连接的全焊透坡口焊缝应采用角焊缝加强，加强焊脚尺寸不应大于连接部位较薄件厚度的 1/2，但最大值不得超过 10mm。

(5) 承受动荷载需经疲劳验算的连接，当拉应力与焊缝轴线垂直时，严禁采用部分焊透对接焊缝。

(6) 除横焊位置以外，不宜采用L形和J形坡口。

(7) 不同板厚的对接连接承受动载时，应按本章3.4.1节的规定做成平缓过渡。

3.4.3 角焊缝的尺寸规定

(1) 角焊缝的最小计算长度应为其焊脚尺寸 h_f 的8倍，且不应小于40mm；焊缝计算长度应为扣除引弧、收弧长度后的焊缝长度。

(2) 断续角焊缝焊段的最小长度不应小于最小计算长度。

(3) 角焊缝最小焊脚尺寸宜按表3-4取值，承受动荷载时角焊缝焊脚尺寸不宜小于5mm。

表3-4　角焊缝最小焊脚尺寸

mm

母材厚度 t	角焊缝最小焊脚尺寸 h_f
$t \leqslant 6$	3
$6 < t \leqslant 12$	5
$12 < t \leqslant 20$	6
$t > 20$	8

注：① 采用不预热的非低氢焊接方法进行焊接时，t 等于焊接连接部位中较厚件厚度，宜采用单道焊缝焊接；采用预热的非低氢焊接方法或低氢焊接方法进行焊接时，t 等于焊接连接部位中较薄件厚度。

② 焊缝尺寸 h_f 不要求超过焊接连接部位中较薄件厚度的情况除外。

(4) 被焊构件中较薄板厚度不小于25mm时，宜采用开局部坡口的角焊缝。

(5) 采用角焊缝焊接连接，不宜将厚板焊接到较薄板上。

3.4.4 搭接连接角焊缝的尺寸规定

(1) 传递轴向力的部件，其搭接连接最小搭接长度应为较薄件厚度的5倍，且不应小于25mm，并应施焊纵向或横向双角焊缝。

(2) 只采用纵向角焊缝连接型钢杆件端部时，型钢杆件的宽度不应大于200mm，当宽度大于200mm时，应加横向角焊缝或中间塞焊；型钢杆件每一侧纵向角焊缝的长度不应小于型钢杆件的宽度。

(3) 型钢杆件搭接连接采用围焊时，在转角处应连续施焊。杆件端部搭接角焊缝作绕焊时，绕焊长度不应小于焊脚尺寸的两倍，并应连续施焊。

(4) 搭接焊缝沿母材棱边的最大焊脚尺寸，当板厚不大于6mm时，应为母材厚度，当板厚大于6mm时，应为母材厚度减去1～2mm。

(5) 用搭接焊缝传递荷载的套管连接可只焊一条角焊缝，其管材搭接长度 L 不应小于 $5(t_1+t_2)$，且不应小于 25mm。

【案例 3-1】设有一牛腿与钢柱连接，牛腿尺寸及作用力(静态荷载设计值)如图 3-10 所示。钢材为 Q235，采用 E43 型焊条手工焊，试计算角焊缝。

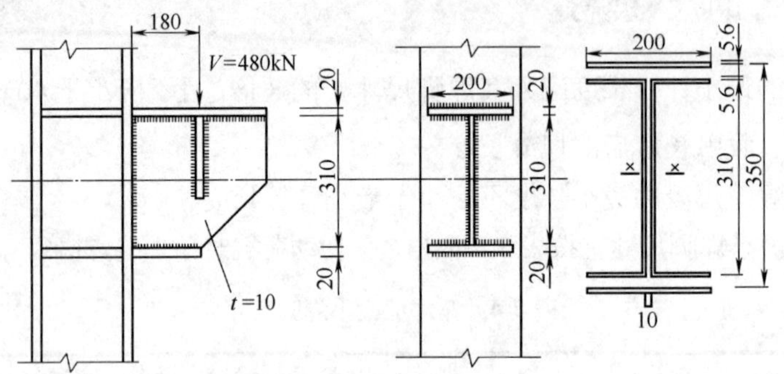

图 3-10 牛腿与钢柱连接

3.5 紧固件连接计算

3.5.1 普通螺栓、锚栓或铆钉连接计算

(1) 在普通螺栓或铆钉受剪连接中，每个螺栓的承载力设计值应取受剪和承压承载力设计值中的较小者。受剪和承压承载力设计值应分别按式(3-8)、式(3-9)和式(3-10)、式(3-11)计算。

普通螺栓：

$$N_v^b = n_v \frac{\pi d^2}{4} f_v^b \tag{3-8}$$

铆钉：

$$N_v^r = n_v \frac{\pi d_0^2}{4} f_v^r \tag{3-9}$$

普通螺栓：

$$N_c^b = d \sum t f_c^b \tag{3-10}$$

铆钉：

$$N_c^r = d_0 \sum t f_c^r \tag{3-11}$$

式中：n_v——受检面数目；

d——螺杆直径(mm)；

d_0——铆钉孔直径(mm)；

$\sum t$——在不同受力方向中一个受力方向承压构件总厚度的较小值(mm)；

f_v^b、f_c^b——螺栓的抗剪和承压强度设计值(N/mm^2)；

f_v^r、f_c^r——铆钉的抗剪和承压强度设计值(N/mm^2)。

(2) 在普通螺栓、锚栓或铆钉杆轴向方向受拉的连接中，每个普通螺栓、锚栓或铆钉的承载力设计值应按下列公式计算。

普通螺栓：

$$N_t^b = \frac{\pi d_e^2}{4} f_t^b \tag{3-12}$$

锚栓：

$$N_t^a = \frac{\pi d_e^2}{4} f_t^a \tag{3-13}$$

铆钉：

$$N_t^r = \frac{\pi d_0^2}{4} f_t^r \tag{3-14}$$

式中：d_e——螺栓或锚栓在螺纹处的有效直径(mm)；

f_t^b、f_t^a、f_t^r——普通螺栓、锚栓和铆钉的抗拉强度设计值(N/mm^2)。

(3) 同时承受剪力和杆轴方向拉力的普通螺栓和铆钉，其承载力应分别符合下列公式的要求。

普通螺栓：

$$\sqrt{\left(\frac{N_v}{N_v^b}\right)^2 + \left(\frac{N_t}{N_t^b}\right)^2} \leqslant 1.0 \tag{3-15}$$

$$N_v \leqslant N_c^b \tag{3-16}$$

铆钉：

$$\sqrt{\left(\frac{N_v}{N_v^r}\right)^2 + \left(\frac{N_t}{N_t^r}\right)^2} \leqslant 1.0 \tag{3-17}$$

$$N_v \leqslant N_c^r \tag{3-18}$$

式中：N_v、N_t——分别为某个普通螺栓所承受的剪力和拉力(N)；

N_v^b、N_t^b、N_c^b——一个普通螺栓的抗剪、抗拉和承压承载力设计值(N)；

N_v^r、N_t^r、N_c^r——一个铆钉抗剪、抗拉和承压承载力设计值(N)。

【案例 3-2】试设计两角钢拼接的普通 C 级螺栓连接，角钢截面为∟90×6，承受轴心拉力设计值 N=180kN，拼接角钢采用与构件角钢相同截面。钢材为 Q235，螺栓 M20。

3.5.2 高强度螺栓摩擦型连接计算

(1) 在受剪连接中，每个高强度螺栓的承载力设计值按下式计算：

$$N_{\mathrm{v}}^{\mathrm{b}}=0.9kn_{\mathrm{f}}\mu P \tag{3-19}$$

式中：$N_{\mathrm{v}}^{\mathrm{b}}$——一个高强度螺栓的受剪承载力设计值(N)；

k——孔型系数，标准孔取 1.0；大圆孔取 0.85；内力与槽孔长向垂直时取 0.7；内力与槽孔长向平行时取 0.6；

n_{f}——传力摩擦面数目；

μ——摩擦面的抗滑移系数，可按表 3-5 取值；

P——一个高强度螺栓的预拉力设计值(N)，可按表 3-6 取值。

(2) 在螺栓杆轴方向受拉的连接中，每个高强度螺栓的承载力应按下式计算：

$$N_{\mathrm{t}}^{\mathrm{b}}=0.8P \tag{3-20}$$

(3) 当高强度螺栓摩擦型连接同时承受摩擦面间的剪力和螺栓杆轴方向的外拉力时，承载力应符合下式要求。

$$\frac{N_{\mathrm{v}}}{N_{\mathrm{v}}^{\mathrm{b}}}+\frac{N_{\mathrm{t}}}{N_{\mathrm{t}}^{\mathrm{b}}}\leqslant 1.0 \tag{3-21}$$

式中：N_{v}、N_{t}——分别为某个高强度螺栓所承受的剪力和拉力(N)；

$N_{\mathrm{v}}^{\mathrm{b}}$、$N_{\mathrm{t}}^{\mathrm{b}}$——一个高强度螺栓的受剪、受拉承载力设计值(N)。

表 3-5　钢材摩擦面的抗滑移系数μ

<table>
<tr><th colspan="2" rowspan="2">连接处构件接触面的处理方法</th><th colspan="4">构件的钢材牌号</th></tr>
<tr><th>Q235 钢</th><th>Q345 钢</th><th>Q390 钢</th><th>Q420 钢</th></tr>
<tr><td rowspan="3">普通钢结构</td><td>喷砂(丸)</td><td>0.45</td><td colspan="2">0.50</td><td>0.50</td></tr>
<tr><td>喷砂(丸)后生赤锈</td><td>0.45</td><td colspan="2">0.50</td><td>0.50</td></tr>
<tr><td>钢丝刷清除浮锈或未经处理的干净轧制面</td><td>0.30</td><td colspan="2">0.35</td><td>0.40</td></tr>
<tr><td rowspan="3">冷弯薄壁型钢结构</td><td>喷砂(丸)</td><td>0.40</td><td>0.45</td><td>—</td><td>—</td></tr>
<tr><td>热轧钢材轧制表面清除浮锈</td><td>0.30</td><td>0.45</td><td>—</td><td>—</td></tr>
<tr><td>冷轧钢材轧制表面清除浮锈</td><td>0.25</td><td>—</td><td>—</td><td>—</td></tr>
</table>

注：① 钢丝刷除锈方向应与受力方向垂直。

② 当连接构件采用不同钢材牌号时，μ 按相应较低强度者取值。

③ 采用其他方法处理时，其处理工艺及抗滑移系数值均需经试验确定。

表 3-6　一个高强度螺栓的预拉力设计值 P　　kN

螺栓的承载性能等级	螺栓公称直径(mm)					
	M16	M20	M22	M24	M27	M30
8.8 级	80	125	150	175	230	280
10.9 级	100	155	190	225	290	355

【案例 3-3】设计牛腿与柱的连接，采用 10.9 级高强度螺栓，螺栓直径 M20，构件接触面用喷砂处理，结构钢材用 Q345 钢，作用力如图 3-11 所示。V=270kN，偏心距 $e=200$mm。

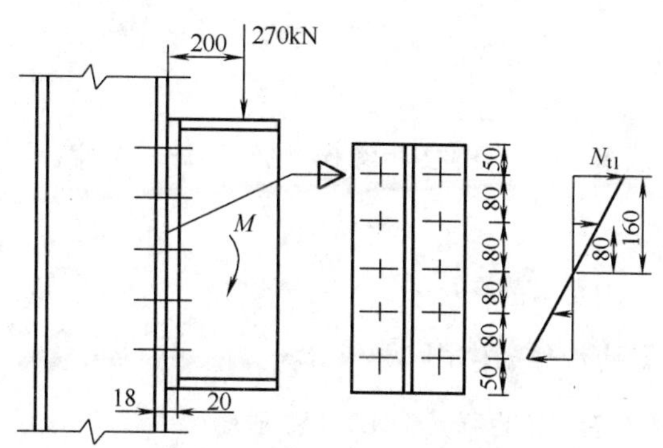

图 3-11　设计牛腿与柱的连接

3.5.3　高强度螺栓承压型连接计算

(1)　承压型连接的高强度螺栓预拉力 P 的施拧工艺和设计值取值应与摩擦型连接高强度螺栓相同。

音频　抗剪螺栓连接破坏形式的种类.mp3

(2)　承压型连接中的每个高强度螺栓的受剪承载力设计值，其计算方法与普通螺栓相同，但当计算剪切面在螺纹处时，其受剪承载力设计值应按螺纹处的有效截面积进行计算。

(3)　在杆轴受拉的连接中，每个高强度螺栓的受拉承载力设计值的计算方法与普通螺栓相同。

(4)　同时承受剪力和杆轴方向拉力的承压型连接，承载力应符合式(3-15)和下式的要求。

$$N_v \leqslant N_c^b / 1.2 \tag{3-22}$$

式中：N_v——所计算的某个高强度螺栓所承受的剪力和拉力；

N_c^b——一个高强度螺栓按普通螺栓计算时的受剪、受拉和承压承载力设计值。

本章小结

本章主要阐述了钢结构的连接的种类和特点；焊接方法、连接的一般规定；焊接连接计算；焊缝的强度指标；螺栓连接的强度指标；铆钉连接的强度设计值及紧固件连接计算。希望学生们通过本章的学习，为以后相关钢结构的学习和工作打下坚实的基础。

实训练习

一、单选题

1. 钢结构的连接方法有焊接、铆接和螺栓连接 3 种，其中(　　)连接构造复杂，费料又费工。

A. 平焊　　B. 焊接　　C. 铆接　　D. 螺栓连接

2. 焊接残余应力不影响构件的(　　)。

A. 整体稳定性　　B. 静力强度　　C. 刚度　　D. 局部稳定性

3. 不需要验算对接斜焊缝强度的条件是斜焊缝的轴线与轴力 N 之间的夹角θ满足(　　)。

A. $\theta \geqslant 60^\circ$　　B. $\theta < 70^\circ$　　C. $\mathrm{tg}\theta \leqslant 1.5$　　D. $\mathrm{tg}\theta > 1.5$

4. 产生纵向焊接残余应力的主要原因之一是(　　)。

A. 冷却速度快　　B. 施焊时焊件上出现冷塑区和热塑区

C. 焊缝刚度大　　D. 焊件各纤维能够自由变形

5. 承压型高强度螺栓连接比摩擦型高强度螺栓连接(　　)。

A. 承载力低，变形大　　B. 承载力高，变形大

C. 承载力低，变形小　　D. 承载力高，变形小

6. 设计焊接工字形截面梁时，腹板布置横向加劲肋的主要目的是提高梁的(　　)。

A. 抗弯刚度　　B. 抗弯强度　　C. 整体稳定性　　D. 局部稳定性

7. 摩擦型高强度螺栓的抗剪连接以(　　)作为承载能力极限状态。

A. 螺杆被拉断　　B. 螺杆被剪断

C. 孔壁被压坏　　D. 连接板件间的摩擦力刚被克服

8. 普通螺栓抗剪工作时，要求被连接构件的总厚度≤螺栓直径的 5 倍，是防止(　　)。

A. 螺栓杆弯曲破坏　　B. 螺栓杆剪切破坏

C. 构件端部冲剪破坏　　D. 板件挤压破坏

9. 直角角焊缝的有效厚度是(　　)。

A. 0.7mm　　B. 4mm　　C. 1.2mm　　D. 1.5mm

10. 在动荷载作用下，侧面角焊缝的计算长度不宜大于(　　)。

A. $40h_f$　　B. $60h_f$　　C. $80h_f$　　D. $120h_f$

二、多选题

1. 组装前清除待焊区的铁锈、氧化铁皮、油污、水分等有害物，主要是为了防止焊缝中产生(　　)。

A. 气孔　　B. 夹渣　　C. 氢裂纹
D. 氧化物　　E. 氰化物

2. 下列属于影响钢材焊接性的因素有(　　)。

A. 结构因素　　B. 方法因素　　C. 设备因素
D. 材料因素　　E. 产地因素

3. 高强螺栓连接副扭矩检验包含(　　)。

A. 初拧　　B. 复拧　　C. 终拧
D. 扭力检验　　E. 扭矩的现场无损检验

4. 焊接工艺评定试验报告是编制焊接工艺的依据，通过评定(　　)项目来保证焊接接头的力学性能达到设计要求。

A. 合适的坡口形状和尺寸　　B. 焊接材料
C. 焊接方法　　D. 施工条件
E. 施工合同

5. 下列属于防止CO_2气体保护焊飞溅产生的措施有(　　)。

A. 采用含有锰、硅脱氧元素的焊丝　　B. 采用直流电源正极性
C. 尽量采用短路过渡的熔滴过渡形式　　D. 戴防护面罩
E. 选择合适的焊接规范

三、简答题

1. 钢结构的连接方法有哪几种？试述各自的特点？
2. 焊接质量分哪几级？如何进行焊接质量检验？
3. 钢结构施工图中焊缝如何表示？
4. Q235、Q345和Q390钢焊接时，分别采用哪种类型的焊条？
5. 角焊缝有哪些构造要求？
6. 如何减小焊接残余应力和残余变形？
7. 抗剪螺栓连接有哪几种破坏形式？如何预防？

第3章答案.docx

实训工作单

<table>
<tr><td>班级</td><td></td><td>姓名</td><td></td><td>日期</td><td></td></tr>
<tr><td colspan="2">教学项目</td><td colspan="4">钢结构的连接</td></tr>
<tr><td>学习项目</td><td colspan="2">连接的种类和特点、焊接连接、对接焊缝的构造、角焊缝的构造和计算、焊接残余应力和焊接变形</td><td>学习要求</td><td colspan="2">掌握焊接和铆接的特点、熟悉螺栓连接的种类、掌握焊接方法、熟悉焊缝质量检验方法、熟悉对接焊缝的构造</td></tr>
<tr><td colspan="3">相关知识</td><td colspan="3">焊缝连接、精制螺栓、刚强度螺栓、焊接符号、焊接的质量检验、对接焊缝的接口形式、不同情况对接焊缝的计算方式</td></tr>
<tr><td colspan="3">其他内容</td><td colspan="3">普通螺栓连接的受力计算、高强度螺栓的连接</td></tr>
<tr><td colspan="6">学习记录</td></tr>
<tr><td>评语</td><td colspan="3"></td><td>指导老师</td><td></td></tr>
</table>

第4章　受弯构件

【教学目标】

- 了解受弯构件的类型和应用。
- 掌握梁的强度、刚度、整体稳定、局部稳定和加劲肋的计算方法。
- 熟悉现行《钢结构设计标准》对梁的设计和构造的有关规定。
- 熟悉型钢梁的拼接。
- 熟悉组合梁的拼接。
- 掌握梁的支座及次梁与主梁的连接。

第4章　受弯构件.pptx

【教学要求】

本章要点	掌握层次	相关知识点
受弯构件的类型和应用	掌握受弯构件——梁的定义	静定梁、超静定梁
梁的强度、刚度和稳定性	1. 掌握梁的强度和刚度计算。 2. 了解梁的整体稳定性。 3. 熟悉受弯构件的局部稳定性。 4. 熟悉组合梁的截面设计	梁的局部稳定性
梁的拼接、连接和支座	1. 掌握型钢梁、组合梁的拼接。 2. 了解梁的支座。 3. 熟悉次梁与主梁的连接	次梁和主梁的连接

【案例导入】

钢结构中最常用的受弯构件是梁。梁主要承受横向荷载作用，且要跨越较长距离，故对其设计应高度重视。梁的设计原理按承载能力和正常使用两种极限状态，应对其强度、整体稳定、局部稳定、挠度等进行计算。

【问题导入】

结合本章内容，试完成型钢梁的截面设计任务。

4.1 受弯构件的类型和应用

视频 梁.mp4

受弯构件.docx

受弯构件是指主要承受横向荷载作用的构件。钢结构中最常用的受弯构件是用型钢或钢板制造的实腹式构件——梁，另外还有用杆件组成的格构式构件——桁架(屋架、桁架桥、网架等都属于桁架体系)。本章主要学习梁的受力性能和设计方法，主要用来承受横向荷载的受弯实腹式构件叫作梁。钢梁按截面形式可分为型钢梁和组合梁两类，如图 4-1 所示。型钢梁构造简单、制造省工，成本较低，应优先采用。但在荷载较大或跨度较大时，由于轧制条件的限制，型钢的尺寸和规格不能满足梁承载力和刚度要求时，必须采用组合梁。

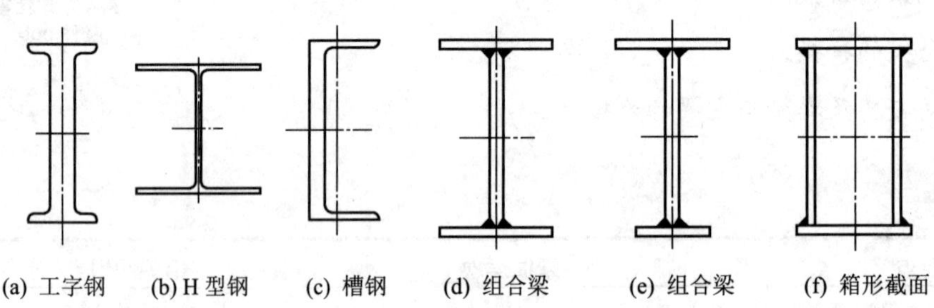

音频 梁的截面形式种类.mp3

图 4-1 梁的截面形式

当跨度和荷载较小时，可直接选用型钢梁。常用的型钢梁有热轧工字钢、热轧 H 型钢和槽钢，如图 4-1(a)、(b)所示，其中以 H 型钢的截面分布最合理，翼缘的外边缘平行，与其他构件连接方便，应优先采用。用于梁的 H 型钢宜为窄翼缘型(HN 型)。槽钢的剪力轴不在腹板平面内，弯曲时将同时伴随有扭转，对受力不利，如果能在结构上保证截面不发生扭转，或扭矩很小的情况下，才可采用槽钢，如图 4-1(c)所示。

型钢梁.docx

当跨度和荷载较大时，可采用组合梁。组合梁的常用截面如图 4-1(d)和图 4-1(e)所示。当荷载很大，梁高受到限制或抗扭要求较高时，可采用箱形截面，如图 4-1(f)所示。组合梁的截面组成比较灵活，可使材料在截面上的分布更为合理，从而节省钢材。

钢梁可做成简支的静定梁或超静定梁等。简支梁用钢量较多，但制造和安装最简单，修理方便，而且不受温度变化和支座沉陷的影响，因此用得较多。

4.2　受弯构件的强度和稳定性

4.2.1　受弯构件的强度计算

1. 在主平面内受弯的实腹构件，受弯强度计算

$$\frac{M_x}{\gamma_x W_{nx}}+\frac{M_y}{\gamma_y W_{ny}}\leqslant f \tag{4-1}$$

式中：M_x、M_y——同一截面处绕 x 轴和 y 轴的弯矩设计值(N·mm)；

W_{nx}、W_{ny}——对 x 轴和 y 轴的净截面模量，当截面板件宽厚比等级为 S1、S2、S3 或 S4 级时，应取全截面模量，当截面板件宽厚比等级为 S5 级时，应取有效截面模量，均匀受压翼缘有效外伸宽度可取 k15；

γ_x、γ_y——截面塑性发展系数；

f——钢材的抗弯强度设计值(N/mm^2)。

2. 截面塑性发展系数取值规定

(1) 对工字形和箱形截面，当截面板件宽厚比等级为 S4 或 S5 级时，截面塑性发展系数应取为 1.0，当截面板件宽厚比等级为 S1、S2 及 S3 时，截面塑性发展系数应按下列规定取值。

① 工字形截面(x 轴为强轴，y 轴为弱轴)：γ_x=1.05，γ_y=1.20。

② 箱形截面：$\gamma_x=\gamma_y$=1.05。

(2) 其他截面应根据其受压板件的内力分布情况确定其截面板件宽厚比等级。

(3) 对需要计算疲劳的梁，宜取 $\gamma_x=\gamma_y$=1.0。

3. 在主平面内受弯的实腹构件，考虑腹板屈曲后强度者，其受剪强度计算

$$\tau=\frac{VS}{It_w}\leqslant f_v \tag{4-2}$$

式中：V——计算截面沿腹板平面作用的剪力设计值(N)；

S——计算剪应力处以上(或以下)毛截面对中和轴的面积矩(mm^3)；

I——构件的毛截面惯性矩(mm^4)；

t_w——构件的腹板厚度(mm)；

f_v——钢材的抗剪强度设计值(N/mm^2)。

4. 当梁受集中荷载且该荷载处又未设置支承加劲肋时计算规定

(1) 当梁上翼缘受有沿腹板平面作用的集中荷载且该荷载处又未设置支承加劲肋时，腹板计算高度上边缘的局部承压强度应按下列公式计算：

$$\sigma_c = \frac{\psi F}{t_w l_z} \leqslant f \tag{4-3}$$

$$l_z = 3.25\sqrt[3]{\frac{I_R + I_f}{t_w}} \tag{4-4}$$

$$l_z = a + 5h_y + 2h_R \tag{4-5}$$

式中：F ——集中荷载设计值，对动力荷载应考虑动力系数(N)；

ψ ——集中荷载增大系数；对重级工作制吊车梁，$\psi = 1.35$；对其他梁，$\psi = 1.0$；

l_z ——集中荷载在腹板计算高度上边缘的假定分布长度；

I_R ——轨道绕自身形心轴的惯性矩(mm^4)；

I_f ——梁上翼缘绕翼缘中面的惯性矩(mm^4)；

a ——集中荷载沿梁跨度方向的支承长度，对钢轨上的轮压可取 50(mm)；

h_y ——自梁顶面至腹板计算高度上边缘的距离；对焊接梁为上翼缘厚度，对轧制工字形截面梁，是梁顶面到腹板过渡完成点的距离(mm)；

h_R ——轨道的高度，对梁顶无轨道的梁取值为 0(mm)；

f ——钢材的抗压强度设计值(N/mm^2)。

(2) 在梁的支座处，当不设置支承加劲肋时，也应按式(4-3)计算，腹板计算高度下边缘的局部压应力，但ψ取 1.0。支座集中反力的假定分布长度，应根据支座具体尺寸按式(4-5)计算。

5. 梁的腹板计算高度边缘处折算应力计算

在梁的腹板计算高度边缘处，若同时承受较大的正应力、剪应力和局部压应力，或同时承受较大的正应力和剪应力时，其折算应力应按下列公式计算：

$$\sqrt{\sigma^2 + \sigma_c^2 - \sigma\sigma_c + 3\tau^2} \leqslant \beta_1 f \tag{4-6}$$

$$\sigma = \frac{M}{I_n} y_1 \tag{4-7}$$

式中：σ、τ、σ_c ——腹板计算高度边缘同一点上同时产生的正应力、剪应力和局部压应力；

I_n ——梁净截面惯性矩(mm^4)；

y_1 ——所计算点至梁中和轴的距离(mm)；

β_1——强度增大系数；当 σ 与 σ_c 异号时，取 β_1=1.2；当 σ 与 σ_c 同号或 σ_c=0 时，β_1=1.1。

4.2.2 受弯构件的整体稳定性

(1) 当铺板密铺在梁的受压翼缘上并与其牢固相连，能阻止梁受压翼缘的侧向位移时，可不计算梁的整体稳定性。

(2) 除第 4.2.2 节第(1)条所指情况外，在最大刚度主平面内受弯的构件，其整体稳定性应按下式计算：

$$\frac{M_x}{\varphi_b W_x f} \leqslant 1.0 \tag{4-8}$$

式中：M_x——绕强轴作用的最大弯矩设计值(N·mm)；

W_x——按受压最大纤维确定的梁毛截面模量，当截面板件宽厚比等级为 S1、S2、S3 或 S4 级时，应取全截面模量，当截面板件宽厚比等级为 S5 级时，应取有效截面模量，均匀受压翼缘有效外伸宽度可取 $15\varepsilon_k$；

φ_b——梁的整体稳定性系数。

(3) 除第 4.2.2 节第(1)条所指情况外，在两个主平面受弯的 H 型钢截面或工字截面构件，其整体稳定性应按下式计算：

$$\frac{M_x}{\varphi_b W_x f} + \frac{M_y}{\gamma_y W_y f} \leqslant 1.0 \tag{4-9}$$

式中：W_x、W_y——按受压最大纤维确定的对 x 轴的稳定计算截面模量和对 y 轴的毛截面模量(mm^3)；

φ_b——绕强轴弯曲所确定的梁整体稳定系数。

(4) 当箱形截面简支梁符合第 4.2.2 节第(1)条的要求或其截面尺寸如图 4-2 所示，满足 $h/b_0 \leqslant 6$，$l_1/b_0 \leqslant 95\varepsilon_k^2$ 时，可不计算整体稳定性，l_1 为受压翼缘侧向支承点间的距离(梁的支座处视为有侧向支承)。

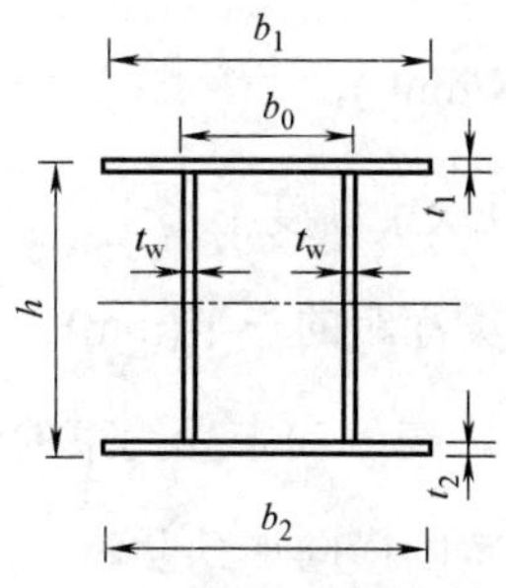

图 4-2　箱型截面

(5) 梁的支座处应采取构造措施，以防止梁端截面的扭转。当简支梁仅腹板与相邻构件相连，钢梁稳定性计算时侧向支承点距离应取实际距离的1.2倍。

音频 提高梁稳定性的措施.mp3

(6) 用作减小梁受压翼缘自由长度的侧向支撑，其支撑力应将梁的受压翼缘视为轴心压杆计算。

(7) 支座承担负弯矩且梁顶有混凝土楼板时，框架梁下翼缘的稳定性计算应符合下列规定。

① 当$\lambda_{n,b}\leqslant 0.45$时，可不计算框架梁下翼缘的稳定性。

② 当不满足①中条件时，框架梁下翼缘的稳定性应按下列公式计算：

音频 影响梁整体稳定承载力的主要因素.mp3

$$\frac{M_x}{\varphi_d W_{1x} f}\leqslant 1.0 \tag{4-10}$$

$$\lambda_e=\pi\lambda_{n,b}\sqrt{\frac{E}{f_y}} \tag{4-11}$$

$$\lambda_{n,b}=\sqrt{\frac{f_y}{\sigma_{cr}}} \tag{4-12}$$

$$\sigma_{cr}=\frac{3.46b_1t_1^3+h_w t_w^3(7.27\gamma+3.3)\varphi_1}{h_w^2(12b_1t_1+1.78h_w t_w)}E \tag{4-13}$$

$$\gamma=\frac{b_1}{t_w}\sqrt{\frac{b_1t_1}{h_w t_w}}a \tag{4-14}$$

$$\varphi_1=\frac{1}{2}\left(\frac{5.436\gamma h_w^2}{l^2}+\frac{l^2}{5.436\gamma h_w^2}\right) \tag{4-15}$$

式中：b_1——受压翼缘的宽度(mm)；

t_1——受压翼缘的厚度(mm)；

W_{1x}——弯矩作用平面内对受压最大纤维的毛截面模量(mm³)；

φ_d——稳定系数；

$\lambda_{n,b}$——正则化长细比；

σ_{cr}——畸变屈曲临界应力(N/mm²)；

l——当框架主梁支承次梁且次梁高度不小于主梁高度一半时，取次梁到框架柱的净距；除此情况外，取梁净距的一半(mm)。

当③不满足上述①、②条件时，在侧向未受约束的受压翼缘区段内，应设置隅撑或沿梁长设间距不大于两倍梁高与梁等宽的横向加劲肋。

4.2.3 受弯构件的局部稳定性

不考虑腹板屈曲后强度时，当 $h_0/t_w>80\varepsilon_k$，焊接截面梁应按第 4.2.3 节第(3)条和第(4)条内容计算腹板的稳定性。h_0 为腹板的计算高度，t_w 为腹板的厚度。轻、中级工作制吊车梁计算腹板的稳定性时，吊车轮压设计值可乘以折减系数 0.9。

1. 焊接截面梁腹板配置加劲肋规定

(1) 当 $h_0/t_w\leqslant 80\varepsilon_k$ 时，对有局部压应力的梁，宜按构造配置横向加劲肋；当局部压应力较小时，可不配置加劲肋。

(2) 直接承受动力荷载的吊车梁及类似构件，应按下列规定配置加劲肋，如图 4-3 所示。

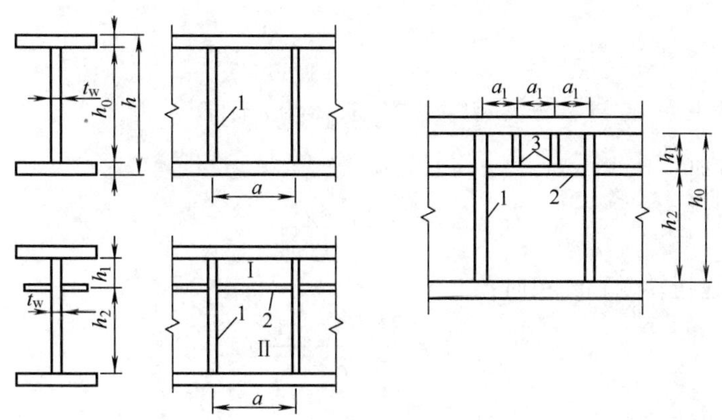

图 4-3　加劲肋的布置

1—横向加劲肋；2—纵向加劲肋；3—短加劲肋

① 当 $h_0/t_w\leqslant 80\varepsilon_k$ 时，应配置横向加劲肋；

② 当受压翼缘扭转受到约束且 $h_0/t_w>170\varepsilon_k$、受压翼缘扭转未受到约束且 $h_0/t_w>150\varepsilon_k$，或按计算需要时，应在弯曲应力较大区格的受压区增加配置纵向加劲肋。局部压应力很大的梁，必要时尚宜在受压区配置短加劲肋。对单轴对称梁，当确定是否要配置纵向加劲肋时，h_0 应取腹板受压区高度 h_c 的两倍。

(3) 不考虑腹板屈曲后强度时，当 $h_0/t_w>80\varepsilon_k$，宜配置横向加劲肋。

(4) h_0/t_w 不宜超过 250。

(5) 梁的支座处和上翼缘受有较大固定集中荷载处，宜设置支承加劲肋。

(6) 腹板的计算高度 h_0 应按下列规定采用：对轧制型钢梁，为腹板与上、下翼缘相接

处两内弧起点间的距离；对焊接截面梁，为腹板高度；对高强度螺栓连接(或铆接)梁，为上、下翼缘与腹板连接的高强度螺栓(或铆钉)线间最近距离。

2. 配置横向加劲肋的腹板局部稳定计算

仅配置横向加劲肋的腹板，其各区格的局部稳定应按下列公式计算：

$$\left(\frac{\sigma}{\sigma_{cr}}\right)^2+\left(\frac{\tau}{\tau_{cr}}\right)^2+\frac{\sigma_c}{\sigma_{c,cr}}\leqslant 1.0 \tag{4-16}$$

$$\tau=\frac{V}{h_w t_w} \tag{4-17}$$

σ_{cr} 应按下列公式计算：

当 $\lambda_{n,b}\leqslant 0.85$ 时：

$$\sigma_{cr}=f \tag{4-18}$$

当 $0.85<\lambda_{n,b}\leqslant 1.25$ 时：

$$\sigma_{cr}=[1-0.75(\lambda_{n,b}-0.85)]f \tag{4-19}$$

当 $\lambda_{n,b}>1.25$ 时：

$$\sigma_{cr}=1.1f/\lambda_{n,b}^2 \tag{4-20}$$

当梁受压翼缘扭转受到约束时：

$$\lambda_{n,b}=\frac{2h_c/t_w}{177}\cdot\frac{1}{\varepsilon_k} \tag{4-21}$$

当梁受压翼缘扭转未受到约束时：

$$\lambda_{n,b}=\frac{2h_c/t_w}{138}\cdot\frac{1}{\varepsilon_k} \tag{4-22}$$

τ_{cr} 应按下列公式计算：

当 $\lambda_{n,s}\leqslant 0.8$ 时：

$$\tau_{cr}=f_v \tag{4-23}$$

当 $0.8<\lambda_{n,s}\leqslant 1.2$ 时：

$$\tau_{cr}=[1-0.59(\lambda_{n,s}-0.8)]f_v \tag{4-24}$$

当 $\lambda_{n,s}>1.2$ 时：

$$\tau_{cr}=1.1f_v/\lambda_{n,s}^2 \tag{4-25}$$

当 $a/h_0\leqslant 1$ 时：

$$\lambda_{n,s}=\frac{h_0/t_w}{37\eta\sqrt{4+5.34(h_0/a)^2}}\cdot\frac{1}{\varepsilon_k} \tag{4-26}$$

当 $a/h_0>1$ 时：

$$\lambda_{n,s}=\frac{h_0/t_w}{37\eta\sqrt{5.34+4(h_0/a)^2}}\cdot\frac{1}{\varepsilon_k} \tag{4-27}$$

$\sigma_{c,cr}$ 应按下列公式计算：

当 $\lambda_{n,c}\leqslant 0.9$ 时：

$$\sigma_{c,cr}=f \tag{4-28}$$

当 $0.9<\lambda_{n,c}\leqslant 1.2$ 时：

$$\sigma_{c,cr}=[1-0.79(\lambda_{n,c}-0.9)]f \tag{4-29}$$

当 $\lambda_{n,c}>1.2$ 时：

$$\sigma_{c,cr}=1.1f/\lambda_{n,c}^2 \tag{4-30}$$

当 $0.5<a/h_0\leqslant 1.5$ 时：

$$\lambda_{n,c}=\frac{h_0/t_w}{28\sqrt{10.9+13.4(1.83-a/h_0)^3}}\cdot\frac{1}{\varepsilon_k} \tag{4-31}$$

当 $1.5<a/h_0\leqslant 2.0$ 时：

$$\lambda_{n,c}=\frac{h_0/t_w}{28\sqrt{18.9+5a/h_0}}\cdot\frac{1}{\varepsilon_k} \tag{4-32}$$

式中：σ——计算腹板区格内，由平均弯矩产生的腹板计算高度边缘的弯曲压应力(N/mm^2)；

τ——所计算腹板区格内，由平均剪力产生的腹板平均剪应力(N/mm^2)；

σ_c——腹板计算高度边缘的局部压应力，计算时 ψ 取 1.0(N/mm^2)；

h_w——为腹板高度(mm)；

σ_{cr}、τ_{cr}、$\sigma_{c,cr}$——各种应力单独作用下的临界应力(N/mm^2)；

$\lambda_{n,b}$——梁腹板受弯计算的正则化宽厚比；

h_c——梁腹板弯曲受压区高度，对双轴对称截面 $2h_c=h_0$ (mm)；

$\lambda_{n,s}$——梁腹板受剪计算的正则化宽厚比；

η——简支梁取 1.11，框架梁梁端最大应力区取 1；

$\lambda_{n,c}$——梁腹板受局部压力计算时的正则化宽厚比。

3. 同时用横向加劲肋和纵向加劲肋加强的腹板局部稳定性计算

同时用横向加劲肋和纵向加劲肋加强的腹板，其局部稳定性应按下列公式计算。

(1) 受压翼缘与纵向加劲肋之间的区格：

$$\frac{\sigma}{\sigma_{cr1}}+\left(\frac{\sigma_c}{\sigma_{c,cr1}}\right)^2+\left(\frac{\tau}{\tau_{cr1}}\right)^2\leqslant 1.0 \tag{4-33}$$

其中σ_{cr1}、τ_{cr1}、$\sigma_{c,cr1}$应分别按下列方法计算：

① σ_{cr1}应按式(4-18)至式(4-20)计算，但式中的$\lambda_{n,b}$改用下列$\lambda_{n,b1}$代替。

当梁受压翼缘扭转受到约束时：

$$\lambda_{n,b1}=\frac{h_1/t_w}{75\varepsilon_k} \tag{4-34}$$

当梁受压翼缘扭转未受到约束时：

$$\lambda_{n,b1}=\frac{h_1/t_w}{64\varepsilon_k} \tag{4-35}$$

② h_{cr1}应按式(4-23)至式(4-27)计算，但将式中的h_0改为h_1。

③ $\sigma_{c,cr1}$应按式(4-18)至式(4-20)计算，但式中的$\lambda_{n,b}$改用$\lambda_{n,c1}$代替。

当梁受压翼缘扭转受到约束时：

$$\lambda_{n,c1}=\frac{h_1/t_w}{56\varepsilon_k} \tag{4-36}$$

当梁受压翼缘扭转未受到约束时：

$$\lambda_{n,c1}=\frac{h_1/t_w}{40\varepsilon_k} \tag{4-37}$$

(2) 受拉翼缘与纵向加劲肋之间的区格：

$$\left(\frac{\sigma_2}{\sigma_{cr2}}\right)^2+\left(\frac{\tau}{\tau_{cr2}}\right)^2+\frac{\sigma_{c2}}{\sigma_{c,cr2}}\leqslant 1.0 \tag{4-38}$$

式中：h_1——纵向加劲肋至腹板计算高度受压边缘的距离(mm)；

σ_2——所计算区格内由平均弯矩产生的腹板在纵向加劲肋处的弯曲压应力(N/mm^2)；

σ_{c2}——腹板在纵向加劲肋处的横向压应力，取$0.3\sigma_c$ (N/mm^2)。

4. 加劲肋的设置规定

(1) 加劲肋宜在腹板两侧成对配置，也可单侧配置，但支承加劲肋、重级工作制吊车梁的加劲肋不应单侧配置。

(2) 横向加劲肋的最小间距应为$0.5h_0$除无局部压应力的梁，当$h_0/t_w\leqslant 100$时，最大间距可采用$2.5h_0$外，最大间距应为$2h_0$。纵向加劲肋至腹板计算高度受压边缘的距离应为$h_c/2.5$～$h_c/2$。

(3) 在腹板两侧成对配置的钢板横向加劲肋，其截面尺寸应符合下列公式规定。

外伸宽度：

$$b_s=\frac{h_0}{30}+40 \tag{4-39}$$

厚度：

$$承压加劲肋\ t_s \geqslant \frac{b_s}{15}，不受力加劲肋\ t_s \geqslant \frac{b_s}{19} \tag{4-40}$$

(4) 在同时采用横向加劲肋和纵向加劲肋加强的腹板中，横向加劲肋的截面惯性矩应符合下式要求：

$$I_z \geqslant 3h_0 t_w^3 \tag{4-41}$$

纵向加劲肋的截面惯性矩 I_y，应符合下列公式要求：

当 $a/h_0 \leqslant 0.85$ 时：

$$I_y \geqslant 1.5h_0 t_w^3 \tag{4-42}$$

当 $a/h_0 > 0.85$ 时：

$$I_y \geqslant \left(2.5 - 0.45\frac{a}{h_0}\right)\left(\frac{a}{h_0}\right)^2 h_0 t_w^3 \tag{4-43}$$

(5) 短加劲肋的最小间距为 $0.75h_1$。短加劲肋外伸宽度应取横向加劲肋外伸宽度的0.7～1.0倍，厚度不应小于短加劲肋外伸宽度的1/15。

(6) 用型钢(H型钢、工字钢、槽钢、肢尖焊于腹板的角钢)做成的加劲肋，其截面惯性矩不得小于相应钢板加劲肋的惯性矩。在腹板两侧成对配置的加劲肋，其截面惯性矩应按梁腹板中心线为轴线进行计算。在腹板一侧配置的加劲肋，其截面惯性矩应按加劲肋相连的腹板边缘为轴线进行计算。

(7) 焊接梁的横向加劲肋与翼缘板、腹板相接处应切角，当作为焊接工艺孔时，切角宜采用半径 R=30mm 的1/4圆弧。

5. 梁的支承加劲肋规定

(1) 应按承受梁支座反力或固定集中荷载的轴心受压构件计算其在腹板平面外的稳定性。此受压构件的截面应包括加劲肋和加劲肋每侧 $15h_w\varepsilon_k$ 范围内的腹板面积，计算长度取 h_0。

(2) 当梁支承加劲肋的端部为刨平顶紧时，应按其所承受的支座反力或固定集中荷载计算其端面承压应力；突缘支座的突缘加劲肋的伸出长度不得大于其厚度的两倍；当端部为焊接时，应按传力情况计算其焊缝应力。

(3) 支承加劲肋与腹板的连接焊缝，应按传力需要进行计算。

【案例4-1】有一工作平台简支梁，承受静荷载作用。其中均布永久荷载 q_y=14kN/m，可变荷载 q_k=16kN/m，梁的跨度 l=7m，钢材采用 Q235A，梁的容许挠度 $[\delta]=l^{\circ}/350$，梁的上翼缘有可靠的支撑件连接。试选择型钢梁的截面。

4.2.4 组合梁的截面设计

1. 截面选择

组合梁的截面选择包括估算梁的截面高度、腹板厚度和翼缘尺寸。

1) 梁的截面高度

确定截面高度时，通常要考虑建筑高度、刚度条件和经济三方面的要求。

建筑高度是指梁的底面到铺板顶面之间的高度，它往往由生产工艺和使用要求决定。建筑结构根据工艺设计，对梁的高度往往有所限制。由此决定了梁的最大可能高度 h_{max}。

刚度决定了梁的最小高度 h_{min}。刚度条件要求正常使用时梁的挠度不得超过规定的容许值。

对均布荷载简支梁，按下式计算挠度：

$$v=\frac{5ql^4}{384EI_x}=\frac{5l^2}{48EI_x}\cdot\frac{ql^2}{8}=\frac{5Ml^2}{48EI_x}=\frac{5}{48}\cdot\frac{ML^2}{EW_x(h/2)}=\frac{5\sigma\cdot l^2}{24Eh}\leqslant[v_T] \tag{4-44}$$

即

$$\frac{h_{min}}{l}\approx\frac{\sigma_k l}{5E[v_T]} \tag{4-45}$$

式中：σ_k——全部荷载标准值产生的最大弯曲应力；

$[v_T]$——全部荷载标准值产生的挠度的容许值。

由式(4-45)可以看出，刚度和梁高有直接关系。为保证梁的刚度，同时又使梁能充分发挥强度作用，将钢材的设计强度 $f/1.3$ 代替式(4-45)中的 σ_k，1.3 是荷载分项系数的平均值，得到最小高度和容许挠度间的关系式：

$$h_{min}/l=\frac{f}{1.34\times10^6}\left[\frac{l}{v_T}\right] \tag{4-46}$$

从用材最省出发，可以得出经济高度。组成梁截面时，在满足截面抵抗矩要求的情况下，应使翼缘和腹板的总用钢量为最少。由经济条件确定梁高可按经验公式计算如下：

$$h_e=7\sqrt[3]{W_x}-300 \tag{4-47}$$

在选择梁的高度时，应同时满足上述三方面的要求，即 $h_{max}\geqslant h\geqslant h_{min}$，且尽可能等于或略小于经济高度，使 $h\approx h_e$。同时还应考虑到钢材的规格。一般取腹板高度为 50mm 的倍数。

2) 腹板厚度

梁高确定后，腹板高度可以估计确定。腹板主要受剪力作用，应按梁端的最大剪力来确定腹板需要的厚度，并且认为剪力只由腹板承受，可近似地假定最大剪应力为腹板平均剪应力的 1.2 倍。按矩形腹板计算剪应力：

$$t_{w1} = 1.2V_{max} / (h_0 f_v) \tag{4-48}$$

从经济观点出发，腹板应尽可能采用薄板，但采用过薄的板对局部稳定不利，因此常用下面的经验公式确定腹板的厚度：

$$t_{w2} = \sqrt{h_w} / 3.5 \tag{4-49}$$

最后选择的腹板厚度t_w，应满足$t_w \geqslant t_{w1}$及$t_w \approx t_{w2}$，并应符合钢板的规格尺寸。一般为 2mm 的倍数，并不得小于 6mm。

3) 翼缘尺寸

根据需要的截面抵抗距和腹板截面尺寸计算。由最大计算弯距求出需要的净截面抵抗距：

$$W_{nx} = \frac{M_x}{\gamma_x f} \tag{4-50}$$

整个截面需要的惯性距为：

$$I_x = W_{nx} \frac{h}{2} \tag{4-51}$$

因为腹板尺寸已定，其惯性矩为：

$$I_w = t_w \frac{h_0^3}{12} \tag{4-52}$$

则翼缘需要的惯性矩为：

$$I_i = I_x - I_w \tag{4-53}$$

近似地取：

$$I_i \approx 2bt \left(\frac{h_0}{2}\right)^2 \tag{4-54}$$

由此可决定翼缘尺寸：

$$bt = 2(I_x - I_w) / h_0^2 \tag{4-55}$$

翼缘宽度b和厚度t只要定出一个，就能确定另一个。一般可取 b=(1/3～1/5)h，且不小于 200mm，因为翼缘宽度太小，不利于梁的整体稳定，太大则翼缘中应力分布不均匀的程度增大。厚度应符合$t \geqslant \frac{b}{30}\sqrt{f_y/235}$的条件，否则，太薄的翼缘板会发生翘曲失稳，并因此而引起整个梁过早地破坏。在确定b和t时，要符合钢板的规格尺寸。截面尺寸如图 4-4 所示。翼缘宽度取 10mm 的倍数，厚度取 2mm 的倍数。

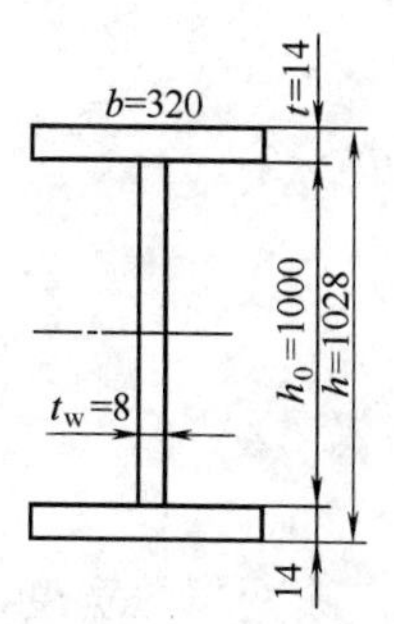

图 4-4 工字形梁截面尺寸

2. 截面验算

根据初步选定的截面，计算截面的几何特性，然后进行强度、刚度、整体稳定性和局部稳定性的验算。

【案例 4-2】试设计一跨度为 9m 的工作平台简支梁，受均布永久荷载 q_1=40kN/m，各可变荷载共 $q_2=50\text{kN/m}$(直接承受动荷载作用)。钢材为 Q235 钢，焊条 E43 型。梁高不受限制。

3. 组合梁截面沿长度的改变

对于简支组合梁，弯矩值沿梁的长度分布通常是变化的，如图 4-5 所示。而梁截面是按最大弯矩来选择的，因此，梁的其他部位的强度就有富裕，为充分发挥材料的作用，可将梁截面随弯矩而变化。

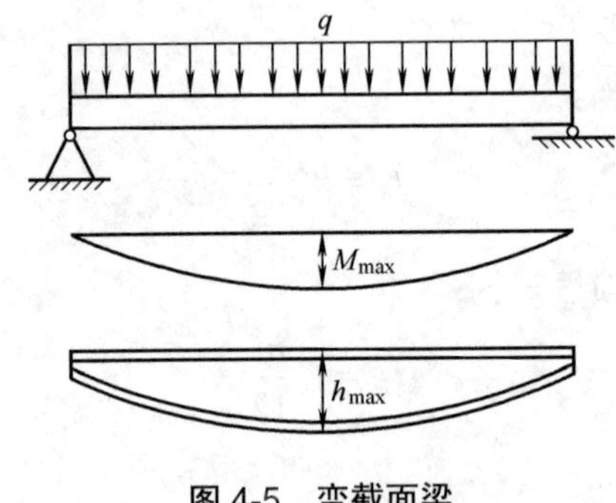

图 4-5　变截面梁

常用的改变截面的方法有两种：一种是改变梁的高度，另一种是改变翼缘的宽度。

改变梁的高度，将梁的下翼缘做成折线外形，翼缘的截面保持不变，仅在靠近梁端处变化腹板的高度，如图 4-6 所示。这样可使梁的支座处高度显著减少，同时可以降低机械设备的重心高度，使连接构造简化。梁端部的高度应根据抗剪强度的要求确定，且不宜小于跨中高度的 1/2。下翼缘板的转折点一般取在距梁端(1/6～1/5)l 处。

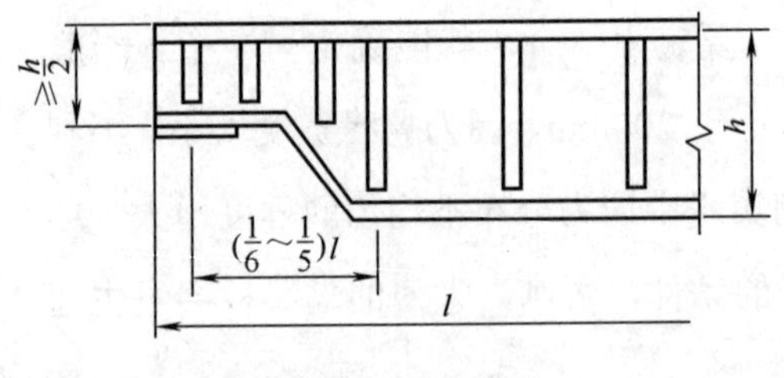

图 4-6　变高度梁

改变翼缘宽度，这种方法比较常用，为了便于制造，通常梁只改变一次截面，这样大约节约钢材 10%～12%，如再多改变一次，可再多节约 3%～4%，随着改变次数的增多，其经济效益并不显著，反而增加了制造工作量。

截面改变设在离两端支座约 1/6 处较为经济，如图 4-7 所示。初步确定了改变截面的位置后，可以根据该处梁的弯矩反算出需要的翼缘板宽度 b_1。为了减小应力集中，应将宽板从截面改变位置以≤1∶4 的斜角向弯矩较小侧延长，与宽度为 b_1 的窄板相对接。当正焊缝对接强度不满足要求时，可以改用斜焊缝对接。

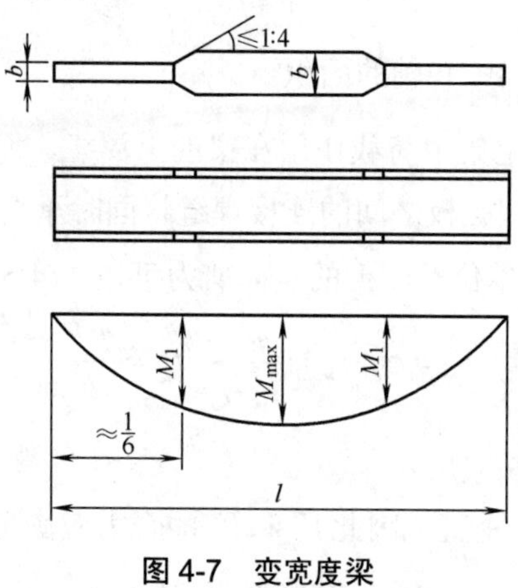

图 4-7 变宽度梁

对于跨度较小的梁，改变截面的经济效果不大，且在构造上给制造增加了工作量。通常不改变截面。

4. 焊接组合梁翼缘焊缝的计算

工字形截面焊接梁，是通过连接焊缝保证截面的整体工作。因此，对翼缘焊缝应进行验算。

当梁弯曲时，由于相邻截面作用于翼缘的弯曲正应力不相等，因此翼缘与腹板之间将产生水平剪力 V_h，如图 4-8 所示。

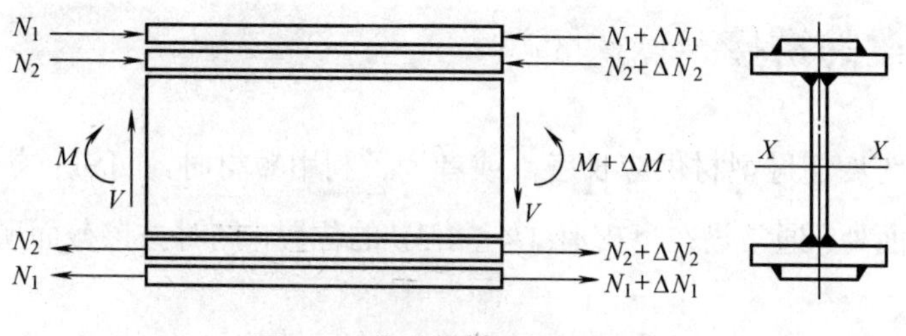

图 4-8 翼缘与腹板间的剪力

在单位长度上的水平剪力为：

$$V_{\mathrm{h}}=\tau\cdot t_{\mathrm{w}}=\frac{V\cdot S_1}{I_x\cdot t_{\mathrm{w}}}\cdot t_{\mathrm{w}}=\frac{V\cdot S_1}{I_x} \tag{4-56}$$

为了保证翼缘板和腹板的整体工作，翼缘连接焊缝应满足式(4-58，)即：

$$\frac{V\cdot S_1}{I_x}\leqslant 2\times 0.7h_{\mathrm{f}}\cdot f_{\mathrm{f}}^{\mathrm{w}} \tag{4-57}$$

得到需要的焊脚尺寸为：

$$h_{\mathrm{f}}\geqslant\frac{V\cdot S_1}{1.4f_{\mathrm{f}}^{\mathrm{w}}\cdot I_x} \tag{4-58}$$

式中：S_1——翼缘毛截面对梁中和轴的面积矩。

当有移动集中荷载或固定集中荷载作用在梁的上翼缘，而在固定集中荷载作用处又未设置支撑加劲肋时，上翼缘和腹板之间的连接焊缝将同时承受水平剪力V_{h}和局部压应力引起的竖向剪力V_{v}的作用。梁单位长度上的竖向剪力可按式(4-59)计算。

$$V_{\mathrm{v}}=\sigma_{\mathrm{c}}\cdot t_{\mathrm{w}}=\frac{\psi F}{t_{\mathrm{w}}\cdot l_z}\cdot t_{\mathrm{w}}=\frac{\psi F}{l_z} \tag{4-59}$$

式中有关符号参照式(4-6)取用。

V_{h}和V_{v}二者的方向相互垂直，因此V_{h}和V_{v}的合力应满足下式：

$$\sqrt{V_{\mathrm{h}}^2+V_{\mathrm{v}}^2}\leqslant 2\times 0.7h_{\mathrm{f}}\cdot f_{\mathrm{f}}^{\mathrm{w}} \tag{4-60}$$

在集中荷载作用下梁上翼缘与腹板之间连接焊缝的焊脚尺寸：

$$h_{\mathrm{f}}\geqslant\frac{\sqrt{V_{\mathrm{h}}^2+V_{\mathrm{v}}^2}}{1.4f_{\mathrm{f}}^{\mathrm{w}}}=\frac{1}{1.4f_{\mathrm{f}}^{\mathrm{w}}}\cdot\sqrt{\left(\frac{VS_1}{I_x}\right)^2+\left(\frac{\psi F}{\beta_{\mathrm{f}}l_z}\right)^2} \tag{4-61}$$

对承受动力荷载的梁(如重级工作制吊车梁和大吨位中级工作制吊车梁)，腹板与上翼缘的连接焊缝常采用焊透的 T 型对接焊缝。这种焊缝与基本金属等强，不用计算。

4.3 梁的拼接、连接和支座

视频　型钢梁的拼接.mp4

4.3.1 型钢梁的拼接

当型钢梁的跨度超过型材供应长度，或者为了利用短材时，可进行拼接。但接头不应做在最大弯矩截面处，通常设在离支座(1/4～1/3)l 的位置，同时按该截面所在位置的弯矩和剪力来设计。

型钢梁的拼接常在同一截面采用对接直焊缝相连。当直焊缝不能满足抗拉设计强度时，受拉翼缘的拼接应采用斜焊缝，其他采用直焊缝。如果安装时有可能把上、下翼缘弄颠倒时，则上下翼缘都宜采用斜焊缝，如图 4-9 所示。

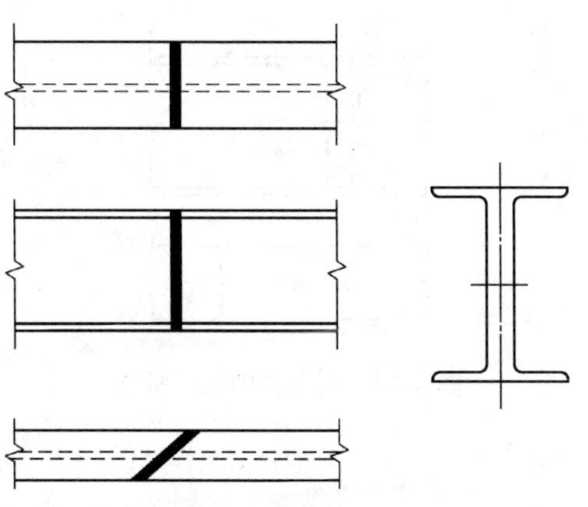

图 4-9 型钢梁用对接焊缝拼接

当施焊条件差，不易保证质量，或型钢截面较大时，可采用加盖板的方法进行拼接，如图 4-10 所示。

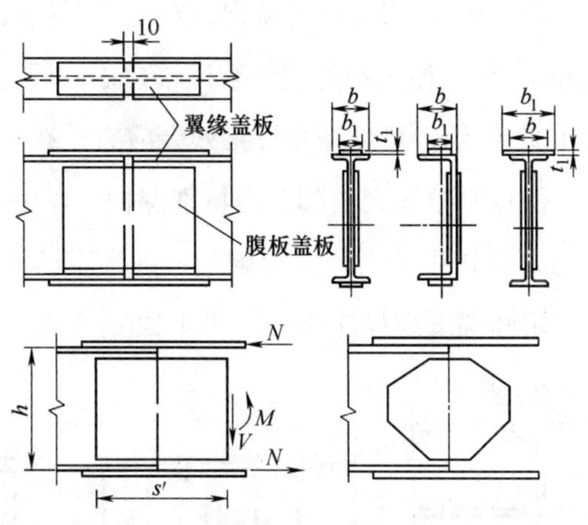

图 4-10 型钢梁用盖板拼接

设计这种接头时，假设全部弯矩由翼缘承受，而腹板承受全部剪力，而且这些内力分别通过各自的连接盖板传递。

4.3.2 组合梁的拼接

由于受钢材尺寸的限制，翼缘和腹板不能用整块钢板做成时，可在工厂拼接。若梁的跨度较大，不便运输时，梁需要分段制造，运至工地后再进行拼接。

梁在工地拼接时，翼缘和腹板的拼接位置常由钢材的尺寸来确定。但翼缘与腹板的拼接位置最好错开。同时，腹板的拼接焊缝与横向加劲肋之间的距离不得小于 $10t_w$，如图 4-11 所示。

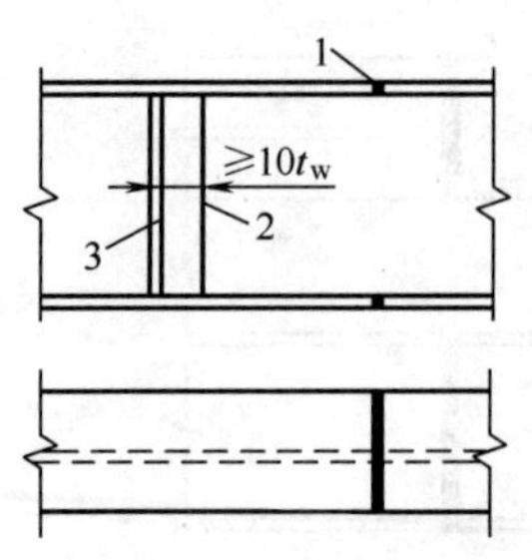

图 4-11　焊接梁的工厂拼接

1—翼缘对接焊缝；2—腹板对接焊缝；3—加劲肋

腹板及翼缘一般采用对接直焊缝。对接焊缝施焊时应加引弧板，并采用 1 级或 2 级焊缝。当梁在工地拼接时，拼接位置可由安装及运输条件确定。翼缘和腹板常在同一截面处断开，以便分段运输，如图 4-12 所示。接头应布置在内力较小的位置。采用工地对接焊缝时，其坡口形式宜采用开口向上的 V 形，以便俯焊。在工厂焊接时，可将腹板和翼缘的连接焊缝在端部预留出 500mm 左右，使工地焊缝收缩比较自由。同时，在工地焊接时，还应考虑施焊的顺序，如图 4-12(a)所示，可以减少焊接残余应力。有时将翼缘和腹板略微错开一些，这样受力情况较好，但这个单元突出部分应特别保护，以免碰损。

对于较重要或承受动力荷载作用的大型组合梁，考虑到现场施焊条件较差，焊缝质量不宜保证，其工地拼接宜采用高强度螺栓连接，如图 4-12(c)所示。

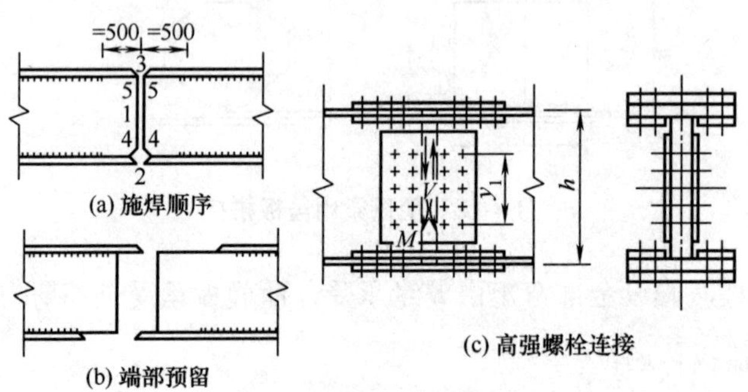

图 4-12　焊接梁的工地拼接

翼缘板的拼接，一般是按照等强度原则进行设计，也就是使拼接板的净截面面积与翼缘板的净截面面积相等或稍大一些。而翼缘上的高强度螺栓还应能承受翼缘板净截面所能承受的轴向力。即：

$$N = A_n \cdot f \tag{4-62}$$

式中：A_n ——翼缘板的净截面面积。

腹板的拼接通常是先布置好螺栓，然后进行验算。腹板拼接板及每侧的高强度螺栓，

主要承受梁拼接截面的全部剪力 V 及按刚度分配到腹板上的弯矩 M_{w}。

$$M_{\mathrm{w}}=\frac{I_{\mathrm{w}}}{I}\cdot M \tag{4-63}$$

式中：I_{w}——腹板的惯性矩；

I——整个截面的惯性矩；

M——拼接截面的弯矩。

腹板上受力最大的高强度螺栓所受的合力应满足：

$$N_1=\sqrt{(N_{1x}^{\mathrm{M}})^2+(N_{1y}^{\mathrm{V}})^2}=\sqrt{\left(\frac{M_{\mathrm{w}}\cdot y_1}{\sum y_{\mathrm{i}}^2}\right)^2+\left(\frac{V}{n}\right)^2}\leqslant[N_{\mathrm{v}}^{\mathrm{b}}] \tag{4-64}$$

式中：$[N_{\mathrm{v}}^{\mathrm{b}}]$——一个摩擦型高强度螺栓的抗剪承载力。

4.3.3 梁的支座

视频 梁的支座.mp4

梁通过在砌体、钢筋混凝土柱或钢柱上的支座，将荷载传给柱或墙体，再传给基础和地基。支承于砌体或钢筋混凝土上的支座有三种形式，即平板式支座、弧形支座和铰轴式支座，如图4-13所示。平板式支座是在梁端下面垫上钢板组成，加工制作简单，但使梁的端部自由转动不灵活，常用在跨度小于20m的梁中。弧形支座是在平板支座的基础上，将厚度约40～50mm的支撑板上表面做成圆弧曲面。使梁端可以自由转动，并可产生适量的移动，其计算简图接近于铰接支座，一般用于跨度为20～40m的梁中。铰轴支座使梁端能自由地转动，而且在一个方向上可以移动。其计算简图接近于可动铰支座，常用于跨度大于40m的梁中。

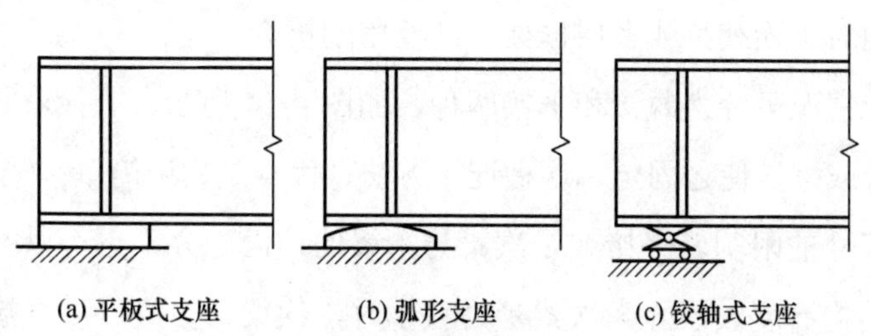

图4-13 梁的支座形式

为防止支承材料被压坏，支座板与支承结构顶面的接触面积按下式确定：

$$A=a\times b\geqslant\frac{V}{f_{\mathrm{c}}} \tag{4-65}$$

式中：V——支座反力；

f_{c}——支承材料的承压强度设计值；

a、b——支座垫板的长和宽；

A——支座垫板的平面面积。

支座板的厚度，按均布支反力产生的最大弯矩进行计算。

为了防止弧形支座的弧形垫板和滚轴支座的滚轴被劈裂，其圆弧面钢板接触面(系切线接触)的承压力，应满足下式要求：

$$V \leqslant 40nda_1 / E \tag{4-66}$$

式中：d——弧形支座板表面半径r的两倍或滚轴直径，对弧形支座$r \approx 3b$；

a_1——弧形表面或滚轴与平板的接触长度；

n——滚轴个数，对于弧形支座$n = 1$。

铰轴式支座的圆柱形枢轴，当接触面中心角$\theta \geqslant 90°$时，其承压应力应满足下式要求：

$$\sigma = \frac{2V}{dL} \leqslant f \tag{4-67}$$

式中：d——枢轴直径；

L——枢轴纵向接触长度。

在设计梁的支座时，除了保证梁端可靠传递支反力并符合梁的力学计算模型外，还应与整个梁格的设计一道，采取必要的构造措施使支座有足够的水平抗震能力和防止梁端的截面侧移和扭转。

4.3.4 次梁与主梁的连接

梁的连接方式.docx

铰接和刚接是次梁与主梁连接的两种方式。一般情况下，次梁与主梁连接常用铰接。但对于连续梁或多层框架，则要用刚接。

铰接按其构造情况可分为叠接和平接两种，如图 4-14 所示。叠接就是把次梁直接放在主梁上面，用焊缝或螺栓使之固定。这种连接方法，优点是构造简单；缺点是结构高度大，使用上常受空间尺寸的限制。平接就是次梁与主梁的顶面平齐，也可以略高于或略低于主梁顶面。因此，结构高度较小。当次梁受力较小时，次梁与主梁可以直接用螺栓和安装焊缝连接。当次梁受力较大时，也可借助短角钢进行连接。每一种连接构造都要将次梁支座的压力传给主梁，实质上这些支座压力就是梁的剪力。而腹板的主要作用是抗剪，所以应将次梁的腹板连于主梁的腹板上，或连于与主梁腹板相连的铅垂方向抗剪刚度较大的加劲肋上或支柱的竖直板上。为方便连接，次梁端部上翼缘或下翼缘应切去一小部分。考虑到这种连接并不是真正的铰接，连接处会有一定的弯矩作用。因此，在计算螺栓数量及焊缝时应将次梁的支座反力加大 20%～30%。

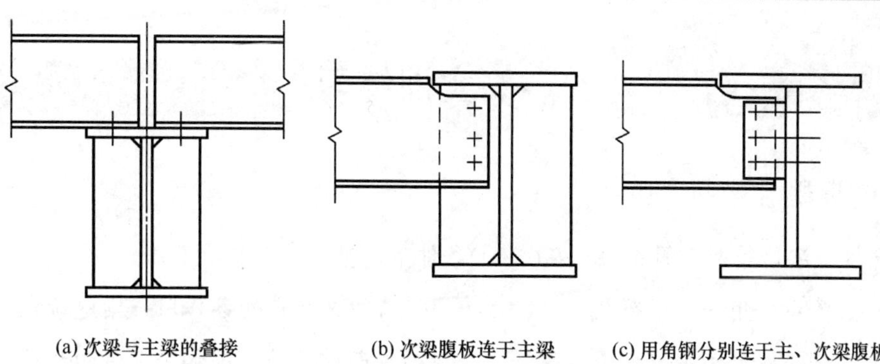
(a) 次梁与主梁的叠接　(b) 次梁腹板连于主梁　(c) 用角钢分别连于主、次梁腹板

图 4-14　次梁与主梁铰接连接

次梁与主梁采用刚接，是为了承担次梁端部的弯矩。其连接形式主要是在次梁上翼缘设置连接盖板，盖板宽度应比上翼缘稍窄；下翼缘下部设有承托板和肋板，承托板的宽度应比下翼缘稍宽，以便俯焊，如图 4-15 所示。在计算时，盖板截面以及盖板与次梁的连接焊缝，承托板与主梁腹板之间的连接焊缝均按承受水平力偶 $N = M / h$ 计算。因为盖板与主梁上翼缘之间的连接焊缝不受力，所以此焊缝按构造要求设置。

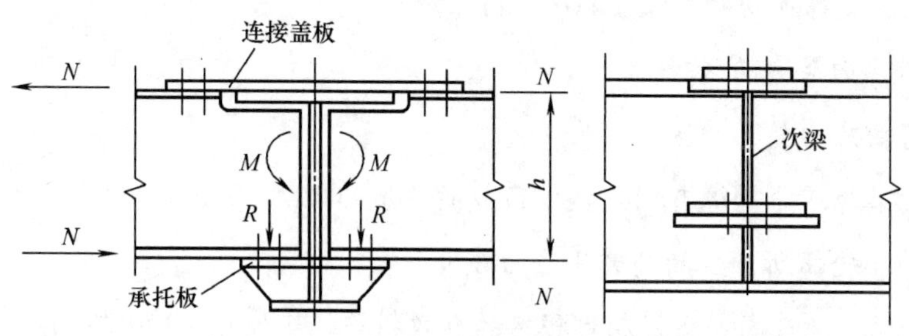

图 4-15　次梁与主梁刚接连接

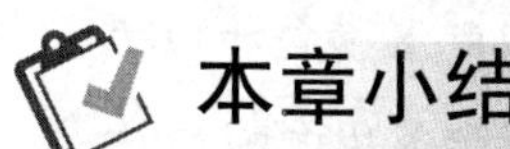

本章小结

本章主要阐述了梁的类型和应用；梁的强度计算；梁的刚度计算；梁的整体稳定性验算；梁的局部稳定；型钢梁的拼接；组合梁的拼接；梁的支座；次梁与主梁的连接等。希望学生们通过本章的学习，为以后相关受弯构件的学习和工作打下坚实的基础。

实训练习

一、单选题

1. 焊接工字钢等截面简支梁，在(　　)条件下，整体稳定系数最高。

A. 跨中作用一集中荷载　　B. 跨间三分点处各作用一集中荷载

C. 全跨作用均布荷载　　D. 梁两端作用大小相等，方向相反的弯矩

2. 焊接工字钢等截面简支梁，稳定系数最高的情况是(　　)。

A. 梁沿全长为等截面　　B. 梁截面沿长度变化

C. 加强受压翼缘　　D. 加强受拉翼缘

3. 受动力荷载作用的焊接工字形截面简支梁翼缘的局部稳定，翼缘外伸宽度应满足(　　)。

A. $\leqslant 9(235/f_y)^{0.5}$　　B. $\leqslant 13(235/f_y)^{0.5}$

C. $\leqslant 15(235/f_y)^{0.5}$　　D. $\leqslant 40(235/f_y)^{0.5}$

4. 梁腹板的支撑加劲肋应设置在(　　)。

A. 剪应力最大的区段

B. 弯曲应力最大的区段

C. 上翼缘或下翼缘有固定集中荷载的作用部位

D. 吊车轮压所产生的局部压应力较大处

5. 配置加劲肋是提高梁腹板局部稳定的有效措施，当 $h_0/t_w>170(235/f_y)^{0.5}$ 时，下列说法正确的是(　　)。

A. 可能发生剪切失稳，应配置横向加劲肋

B. 可能发生弯曲失稳，应配置纵向加劲肋

C. 可能发生剪切失稳和弯曲失稳，应同时配置横向加劲肋和纵向加劲肋

D. 不致失稳，除支撑加劲肋外，不需配置横向加劲肋和纵向加劲肋

6. 梁整体失稳的方式为(　　)。

A. 弯曲失稳　　B. 剪切失稳　　C. 扭转失稳　　D. 弯扭失稳

7. 经济梁高 h_e，指的是(　　)。

A. 用钢量最小时梁的截面高度

B. 挠度等于规范限值时梁的截面高度

C. 强度与稳定承载力相等时梁的截面高度

D. 腹板与翼缘用钢量相同时梁的截面高度

8. 钢结构梁在塑性设计情况下，截面塑性发展区高度限值为(　　)。

A. 整个截面形成塑性　　B. 梁高 1/3

C. 梁高的 1/8 ~ 1/4　　D. 截面边缘处

9. 残余应力对下列哪项无影响？(　　)

A. 结构或构件刚度　　B. 静力强度

C. 轴心受压构件的整体稳定　　D. 疲劳强度

二、多选题

1. 梁的截面形式有(　　)。

A. 工字钢　　B. H 型钢　　C. 槽钢

D. 梯形钢　　E. 箱形截面

2. 加劲肋有(　　)和支撑加劲肋几种。

A. 横向　　B. 纵向　　C. 双肋

D. 短加劲肋　　E. 长加劲肋

3. 组合梁的截面选择包括(　　)。

A. 估算梁的截面宽度　　B. 估算梁的截面高度　　C. 腹板厚度

D. 翼缘尺寸　　E. 腹板宽度

4. 确定截面高度时，通常要考虑哪三方面的要求？(　　)

A. 建筑高度　　B. 建筑面积　　C. 刚度条件

D. 强度条件　　E. 经济

5. 梁的强度分(　　)和在复杂应力作用下的强度。

A. 抗弯强度　　B. 抗剪强度　　C. 刚度

D. 局部承压强度　　E. 抗压强度

三、简答题

1. 型钢梁和组合梁在截面选择上有什么不同？

2. 梁的整体稳定性与哪些因素有关？如何提高梁的整体稳定性？

3. 何谓梁的局部稳定性？组合梁翼缘不满足局部稳定性要求时应如何处理？

4. 梁的整体稳定系数值与哪些因素有关？为什么当 $\varphi_b < 0.6$ 时，要进行修正？

5. 组合梁翼缘与腹板之间的角焊缝如何计算？计算长度是否受 $60h_f$ 的限制？为什么？

第 4 章答案.docx

实训工作单

<table>
<tr><td>班级</td><td></td><td>姓名</td><td></td><td>日期</td><td></td></tr>
<tr><td colspan="2">教学项目</td><td colspan="4">受弯构件</td></tr>
<tr><td>学习项目</td><td colspan="2">受弯构件的类型和应用、梁的强度、刚度和稳定性、梁的截面设计、梁的拼接、连接和支座</td><td>学习要求</td><td colspan="2">掌握受弯构件——梁的定义、掌握梁的强度和刚度计算、了解梁的整体稳定性、熟悉型钢梁的截面设计</td></tr>
<tr><td colspan="3">相关知识</td><td colspan="3">静定梁、超静定梁、梁的局部稳定性、梁的截面选择和验算、次梁和主梁的连接</td></tr>
<tr><td colspan="3">其他内容</td><td colspan="3">组合梁的截面设计、型钢梁的拼接、组合梁的拼接、梁的支座</td></tr>
<tr><td colspan="6">学习记录</td></tr>
<tr><td>评语</td><td colspan="3"></td><td>指导老师</td><td></td></tr>
</table>

第 5 章　轴心受力构件

【教学目标】

- 掌握轴心受力构件的截面形式。
- 掌握轴心受力构件的强度和刚度。
- 掌握轴心受压构件的稳定性。
- 实腹式受力构件的局部稳定及截面设计。
- 掌握格构式轴心受压构件的设计。
- 了解变截面轴心受压构件。
- 熟悉柱头和柱脚的构造和设计。

第 5 章　轴心受力构件.pptx

【教学要求】

本章要点	掌握层次	相关知识点
轴心受力构件的截面形式	了解各轴心受力构件的截面形式	圆钢、钢管、角钢
轴心受力构件的强度和刚度	掌握轴心受力构件的强度和刚度计算、了解轴心拉杆的设计	构件的净截面面积、长细比
轴心受压构件的稳定性	掌握理想轴心受压构件的临界力	缺陷对理想轴心压杆临界力的影响
实腹式受力构件的局部稳定及截面设计	掌握设计原则、熟悉截面设计步骤	试选截面、验算截面
格构式轴心受压构件的设计	掌握格构式轴心受压构件组成形式、熟悉缀件的计算	分肢稳定性、轴心受压构件的整体稳定性
柱头和柱脚	熟悉柱头和柱脚的构造	偏心受压柱柱头、轴心受压柱柱头

【案例导入】

在钢结构中，轴心受力构件和拉弯、压弯构件的应用遍及平面和空间桁架的杆件，以及单层和高层钢结构房屋中的框架柱和工作平台柱等。轴心受力构件仅受轴心拉力或压力。

【问题导入】

思考钢结构构件设计原理，对钢结构轴心受力构件的稳定性进行分析。

5.1　轴心受力构件的截面形式

轴心受力构件是指只承受通过构件截面形心轴线的轴向力作用的构件。当这种轴向力为拉力时，称为轴心受拉构件，或简称轴心拉杆；当轴心力为压力时，称为轴心受压构件或简称轴心压杆。

轴心受力构件是钢结构的基本构件，应用十分广泛，例如桁架、塔架和网架杆件体系，如图 5-1 所示。这类结构通常假设节点为铰接连接，当无节间荷载作用时，只受轴心力作用。

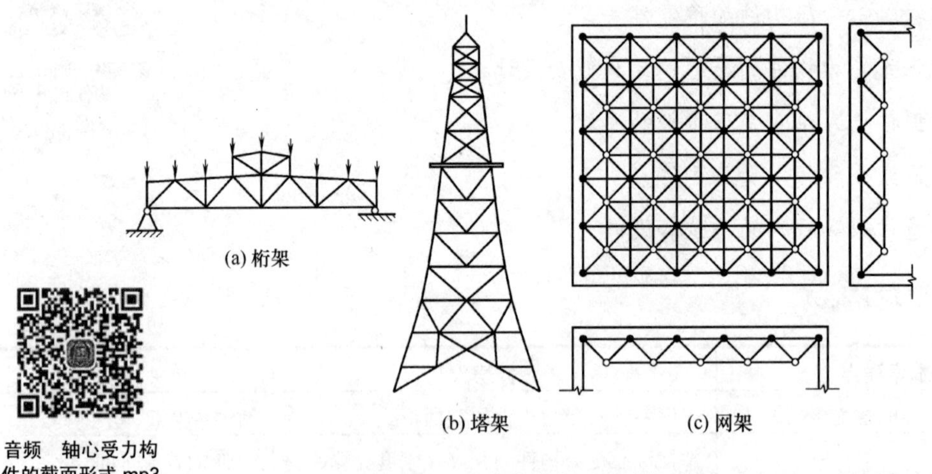

音频　轴心受力构件的截面形式.mp3

图 5-1　轴心受力构件在工程中的应用

轴心压杆也经常用作建筑物的支柱，柱由柱头、柱身和柱脚三部分组成，如图 5-2 所示。柱头用来支撑梁或桁架，柱脚的作用是将压力传至基础。

轴心受力构件截面形式较多，一般可分为型钢截面和组合截面两类。型钢截面如图 5-3(a)所示，有圆钢、钢管、角钢、T 型钢、槽钢、工字钢和 H 型钢等。它们只需经过少量加工就可用作构件。由于制造工作量少，省工省时，故使用型钢截面构件成本较低。一般只用于受力较小的构件。组合截面是由型钢和钢板连接而成，按其形式可分为实腹式截面和格构式截面两种，如图 5-3(b)、图 5-3(c)所示。由于组合截面的形状和尺寸几乎不受限制，由此可根据轴心受力性质和力的大小选用合适的截面。如轴心受拉杆一般由强度条件决定，故只需选用满足强度要求的截面面积并使截面尽可能开展以满足必要的刚度要求即可。但对轴心压杆除强度和刚度条件外，往往取决于整体稳定条件，故应使截面尽可能地开展以提高其稳定承载能力。格构式截面由于材料集中于分肢，它与实腹式截面构件相比，在用材料相等的条件下可增大截面惯性矩，实现两主轴方向等稳定性，刚度大，抗扭性能好，但制造比较费工。当使用受力不大的较长构件时，为提高刚度，可采用三肢或四肢组成较宽大的格构式截面。

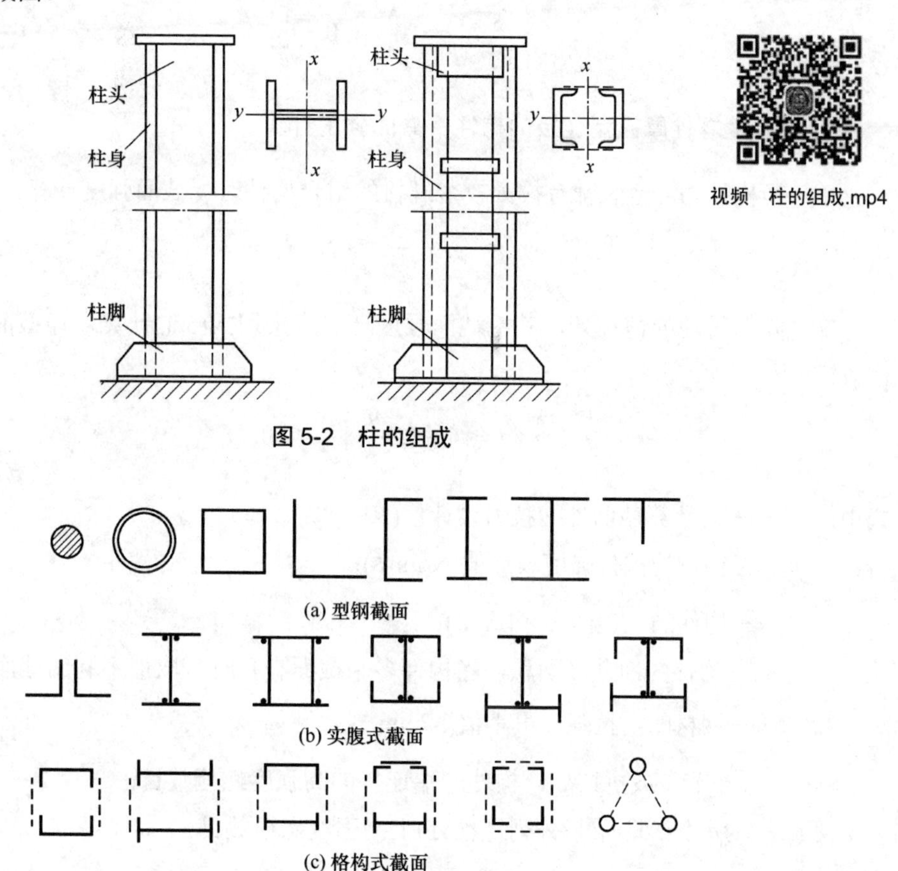

图 5-2　柱的组成

(a) 型钢截面

(b) 实腹式截面

(c) 格构式截面

图 5-3　轴心受力构件的截面形式

5.2　轴心受力构件的强度和刚度

视频　轴心受力构件.mp4

5.2.1　轴心受力构件的强度

轴心受拉构件，当端部连接及中部拼接处组成截面的各板件都有连接件直接传力时，其截面强度计算如下。

1. 除采用高强度螺栓摩擦型连接者外，截面强度计算

毛截面屈服：

$$\sigma = \frac{N}{A} \leqslant f \tag{5-1}$$

净截面断裂：

$$\sigma = \frac{N}{A_n} \leqslant 0.7 f_u \tag{5-2}$$

2. 高强度螺栓摩擦型连接的构件，截面强度计算

(1) 当构件为沿全长都有排列较密螺栓的组合构件时，截面强度计算：

$$\frac{N}{A_n} \leqslant f \tag{5-3}$$

(2) 除第①项的情况外，其毛截面强度计算应采用式(5-1)计算，净截面断裂应按下式计算：

$$\sigma = \left(1 - 0.5\frac{n_1}{n}\right)\frac{N}{A_n} \leqslant 0.7 f_u \tag{5-4}$$

式中：N——所计算截面处的拉力设计值(N)；

f——钢材的抗拉强度设计值(N/mm^2)；

A——构件的毛截面面积(mm^2)；

A_n——构件的净截面面积，当构件多个截面有孔时，取最不利的截面(mm^2)；

f_u——钢材的抗拉强度最小值(N/mm^2)；

n——在节点或拼接处，构件一端连接的高强度螺栓数目；

n_1——所计算截面(最外列螺栓处)上高强度螺栓数目。

轴心受拉构件和轴心受压构件，当其组成板件在节点或拼接处并非全部直接传力时，应对危险截面的面积乘以有效截面系数η，不同构件截面形式和连接方式的η值应符合表5-1的规定。

表 5-1　轴心受力构件节点或拼接处危险截面有效截面系数

构件截面形式	连接形式	η	图　例
角钢	单边连接	0.85	

续表

构件截面形式	连接形式	η	图 例
工字型、H型	翼缘连接	0.90	
	腹板连接	0.70	

5.2.2 轴心受力构件的刚度

按正常使用极限状态的要求，轴心受拉构件和轴心受压构件均应具有一定的刚度，以避免产生过大的变形和振动。当构件刚度不足时，在本身重力作用下，会产生过大的挠度；且在运输安装过程中容易造成弯曲，在承受动力荷载的结构中，还会引起较大的振动，轴心受力构件的刚度应满足式(5-2)的要求。

$$\lambda = \frac{l_0}{i} \leqslant [\lambda] \tag{5-5}$$

式中：λ——构件最不利方向的长细比，一般为两主轴方向长细比的较大值；

l_0——相应方向的构件计算长度，按各类构件的规定取值；

i——相应方向的截面回转半径；

$[\lambda]$——受拉构件或受压构件的容许长细比，按表5-2或表5-3采用。

表5-2 受拉构件的容许长细比

项次	构件名称	承受静力荷载或间接承受动力荷载的结构		直接承受动力荷载的结构
		一般建筑结构	有重级工作制吊车的厂房	
1	桁架的杆件	350	250	250
2	吊车梁或吊车桁架以下的柱间支撑	300	200	—
3	其他拉杆、支撑(张紧的圆钢除外)	400	350	—

表 5-3　受压构件的容许长细比

项次	构件名称	长细比限度
1	柱、桁架和天窗架构件，柱的缀条、吊车梁和吊车桁架以下的柱间支撑	150
2	其他支撑(吊车梁和吊车桁架以下的柱间支撑除外)，用以减少受压构件长细比的杆件	200

5.2.3　轴心拉杆的设计

受拉构件没有整体稳定和局部稳定问题，极限承载力一般由强度控制，所以，设计时只考虑强度和刚度。钢材比其他材料更适合于受拉，所以钢拉杆不但用于钢结构，还用于钢与钢筋混凝土或木材的组合结构中。这种组合结构的受压构件用钢筋混凝土或木材制作，而拉杆用钢材做成。

【案例 5-1】如图 5-4 所示，一有中级工作制吊车的厂房屋架的双角钢拉杆，截面为 2∟100×10，两角钢距离(节点板厚度)为 10mm，角钢上有交错排列的普通螺栓孔，孔径 $d = 20\text{mm}$。试计算此拉杆所能承受的最大拉力及容许达到的最大计算长度。钢材为 Q235 钢。

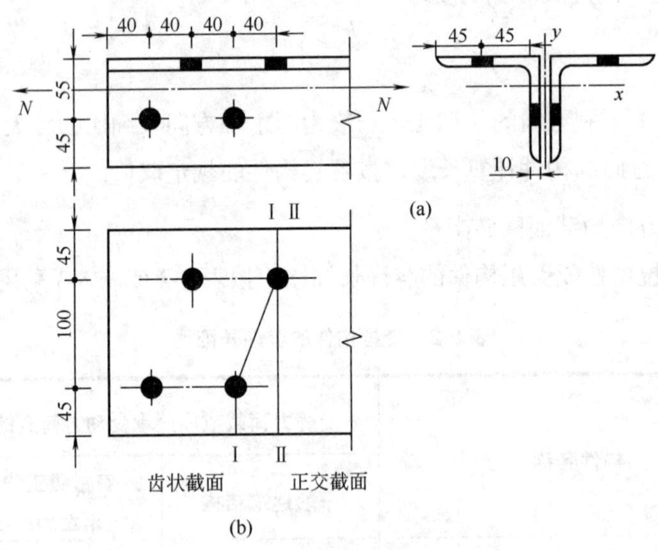

图 5-4　厂房屋架的双角钢拉杆

5.3　轴心受压构件的稳定性

设计轴心受压构件时，除应满足强度和刚度条件外，还必须满足整体稳定条件。构件

的稳定和强度是承载力完全不同的两个方面。强度承载力取决于所用钢材的屈服强度 f_y，而稳定承载力则取决于构件的临界应力。后者和截面形状、尺寸、构件长度及构件两端的固定状况有关。

当构件轴心受压时，可能以三种不同的形式丧失稳定而被破坏；第一种是弯曲屈曲，只发生弯曲变形，杆件的截面只绕一个主轴旋转，杆的纵轴线由直线变为曲线；第二种是扭转屈曲，杆件除支承端外的各截面均绕纵轴扭转；第三种是弯扭屈曲，杆件在发生弯曲变形的同时伴随着扭转，如图 5-5 所示，其中纯扭转屈曲很少单独发生。

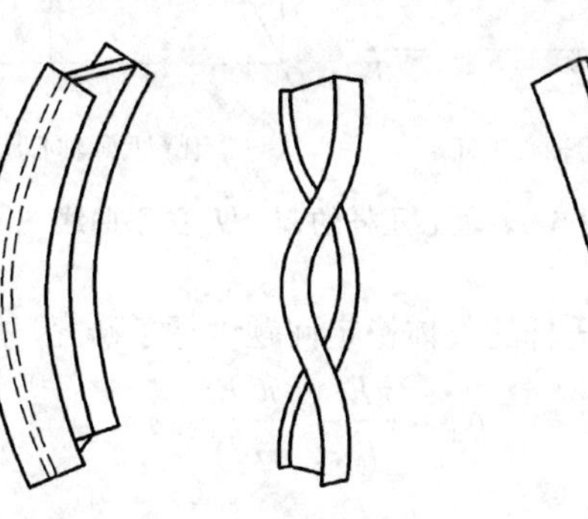

(a) 弯曲屈曲　(b) 扭转屈曲　(c) 弯扭屈曲

音频　轴心受压构件的稳定性破坏的形式.mp3

图 5-5　轴心受压构件的屈曲形式

对于双轴对称截面，只可能产生弯曲屈曲，对于无对称轴的截面，只可能产生弯扭屈曲；对于单轴对称截面，则可能产生弯曲屈曲或弯扭屈曲；长度较小的十字形截面可能发生扭转屈曲。

普通钢结构的轴心受力构件常为双轴对称截面，或用两个角钢组成的单轴对称 T 形截面。T 形截面的弯扭屈曲临界力接近弯曲屈曲临界力。因此，这些截面的轴心压杆，都可按照弯曲屈曲临界力来计算。

5.3.1 理想轴心受压构件的临界力

确定理想轴心受压构件弯曲屈曲临界力时采用下列假设。

(1) 杆件为两端铰接的等截面理想直杆。

(2) 轴心压力作用于杆件两端，且为保向力。

(3) 屈曲时变形很小，忽略杆长的变化。

(4) 屈曲时轴线挠曲成正弦半波曲线，截面保持平面。

理想轴心压杆在压力小于临界力时保持压而不弯的直线平衡状态，当压力达到临界力 N_E 时，压杆就不能维持直线平衡。压杆发生弯曲并处于曲线平衡状态，也就出现了平衡分

支现象，通常称为屈曲或失稳。这时如有偶然干扰力或荷载稍微超出极限值时，杆轴不断挠曲直至形成塑性铰而破坏，如图 5-6(a)所示。

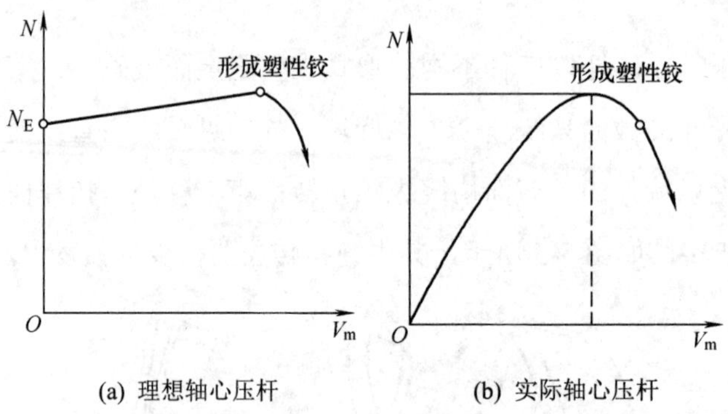

(a) 理想轴心压杆　　(b) 实际轴心压杆

图 5-6　轴心压杆的 $N-U_m$ 关系曲线

欧拉早在 18 世纪就对轴心压杆的整体稳定问题进行了研究，并得出著名的欧拉公式，即：

$$N_E = \frac{\pi EI}{l_0^2} = \frac{\pi^2 EI}{(\mu l)^2} \tag{5-6}$$

相应的临界应力为：

$$\sigma_E = \frac{N_E}{A} = \frac{\pi^2 E}{\lambda^2} \tag{5-7}$$

式中：E——材料的弹性模量；

I——截面主轴的惯性矩；

l、l_0——构件的几何长度和计算长度；

μ——计算长度系数，根据构件的支撑条件确定。对常见的支撑条件，按表 5-4 采用；

A——压杆的毛截面面积；

λ——压杆的最大长细比。

表 5-4　轴心受压构件的计算长度系数

图中虚线表示构件的屈曲形式						
理论 μ 值	0.5	0.7	1.0	1.0	2.0	2.0
建议 μ 值	0.65	0.8	1.2	1.0	2.1	2.0
端部条件示意	无转动、无侧移；自由转动、无侧移			无转动、自由侧移；自由转动、自由侧移		

上式仅适用于$\sigma_E \leqslant f_p$(比例极限)的情况下。

对于带中间支撑的等截面受压构件，其计算长度系数μ列于表5-5中。

表5-5 带中间支撑的长度系数μ

a/l	构件支撑方式					
0	2.00	0.70	0.50	2.00	0.70	0.50
0.1	1.87	0.65	0.47	1.85	0.65	0.46
0.2	1.73	0.60	0.44	1.70	0.59	0.43
0.3	1.60	0.56	0.41	1.55	0.54	0.39
0.4	1.47	0.52	0.41	1.40	0.49	0.36
0.5	1.35	0.50	0.44	1.26	0.44	0.35
0.6	1.23	0.52	0.49	1.11	0.41	0.36
0.7	1.13	0.56	0.54	0.98	0.41	0.39
0.8	1.06	0.60	0.59	0.85	0.44	0.43
0.9	1.01	0.65	0.65	0.76	0.47	0.46
1.0	1.00	0.70	0.70	0.70	0.50	0.50

5.3.2 缺陷对理想轴心压杆临界力的影响

残余应力分布.docx

理想轴心压杆在实际工程中是不存在的。实际杆件中常有各种影响稳定承载能力的初始缺陷，如初弯曲、初偏心和残余应力等。

如图5-7所示为有初弯曲和初偏心的轴心压杆。它和理想轴心压杆不同，当受荷载作用时易弯曲，属于偏心受压，因此它们的临界力比理想压杆要低，而且初弯曲和初偏心越大时，此影响也就越大。

实际轴心压杆在制造、运输和安装过程中，不可避免地会产生微小的初弯曲。一般在杆中总的挠曲量约为杆长l的 1/2000～1/500。再由于构造和施工等方面的原因，还可能产生一定程度的偶然偏心。有初弯曲和初偏心的杆件，在压力作用下，其侧向挠度从加载开始就会不断增加，因此沿杆件全长除轴心力作用外，还存在因杆件挠曲而产生的弯矩，而且弯矩比轴心力增加得快，从而降低了杆件的稳定承载能力。初偏心和初弯曲的影响在本质上很类似，故一般可采用加大初弯曲的数值以考虑两者的综合影响。如图 5-7(b)所示为有初弯曲受压构件(实际轴心压杆)N-U_m 关系曲线。曲线的最高点就是压杆的稳定极限承载力 N_k。N_k 的数值受到压杆的初变形、初偏心、残余应力的大小以及材料不均匀程度等因素的影响。由于这些因素都是随机量，不能预先确定，因此 N_k 也将是一个随机量。

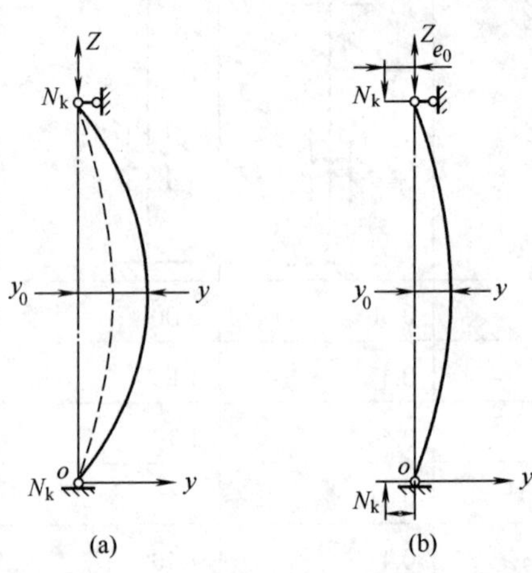

图 5-7　有初弯曲和初偏心的轴心压杆

5.3.3　设计规范对轴心受压构件稳定计算的规定

除可考虑屈服后强度的实腹式构件外，轴心受压构件的稳定性计算应符合下式要求：

$$\frac{N}{\varphi Af}\leqslant 1.0 \tag{5-8}$$

式中：φ——轴心受压构件的稳定系数(取截面两主轴稳定系数中的较小者)，根据构件的长细比(或换算长细比)、钢材屈服强度和表 5-6、表 5-7 的截面分类，按《钢结构设计标准》(GB 50017—2017)附录 D 采用。

表 5-6　轴心受压构件的截面分类(板厚 $t<40$mm)

截面形式		对 x 轴	对 y 轴
轧制（圆管，x—x，y—y）		a 类	a 类
轧制（工字形，b，h，x—x，y—y）	$b/h\leqslant 0.8$	a 类	b 类
	$b/h>0.8$	a*类	b*类

续表

截面形式		对 x 轴	对 y 轴
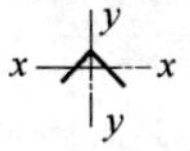 轧制等边角钢		a*类	a*类
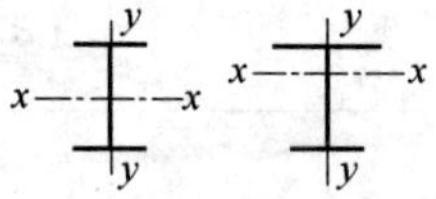 焊接、翼缘为焰切边	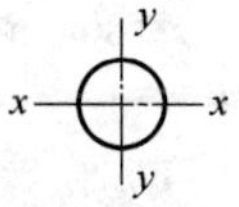 焊接	b类	b类
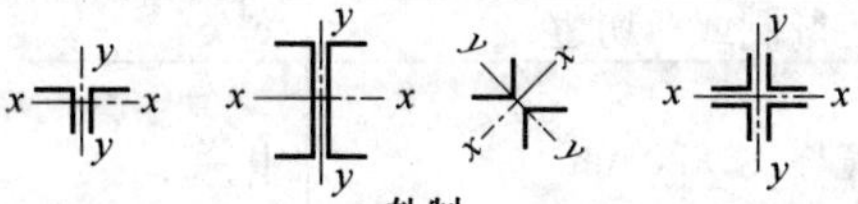 轧制			
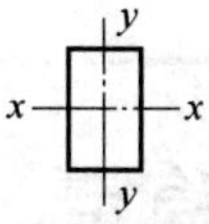 轧制、焊接(板件宽厚比>20)	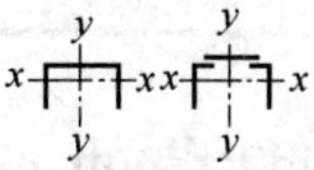 轧制或焊接		
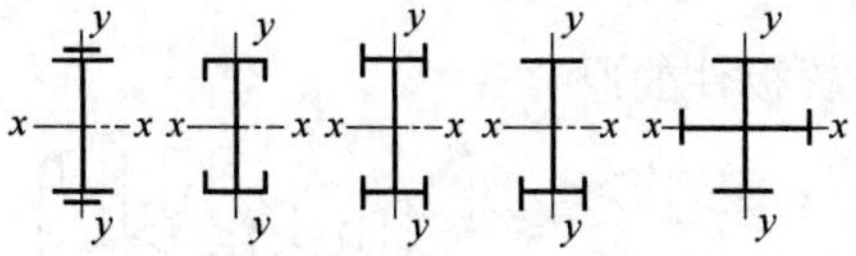 焊接	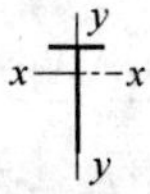 轧制截面和翼缘为焰切边的焊接截面		
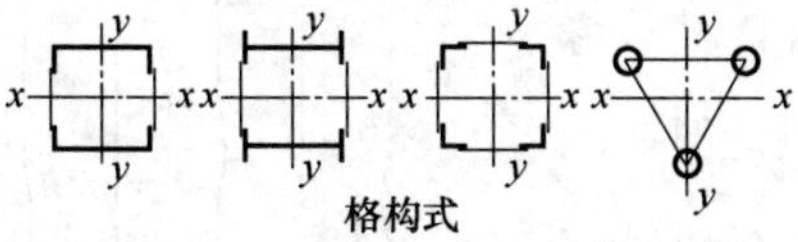 格构式	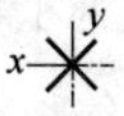 焊接，板件边缘焰切		
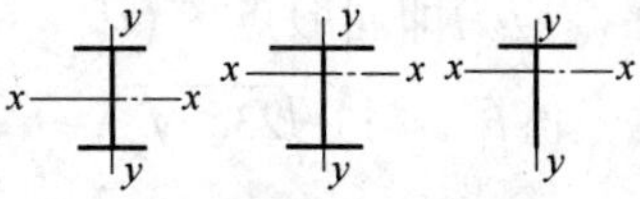 焊接，翼缘为轧制或剪切边		b类	c类
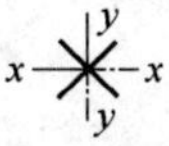 焊接，板件边缘轧制或剪切	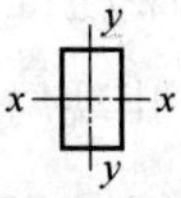 轧制、焊接(板件宽厚比≤20)	c类	c类

注：① a*类含义为Q235钢取b类，Q345、Q390、Q420和Q460钢取a类；b*类含义为Q235钢取c类，Q345、Q390、Q420和Q460钢取b类。

② 无对称轴且剪心和形心不重合的截面，其截面分类可按有对称轴的类似截面确定，如不等边角钢采用等边角钢的类别；当无类似截面时，可取c类。

表 5-7　轴心受压构件的截面分类(板厚 $t \geqslant 40\text{mm}$)

截面形式		对 x 轴	对 y 轴
轧制工字形或H形截面	t＜80mm	b 类	c 类
	t≥80mm	c 类	d 类
焊接工字形截面	翼缘为焰切边	b 类	b 类
	翼缘为轧制或剪切边	c 类	d 类
焊接箱形截面	板件宽厚比＞20mm	b 类	b 类
	板件宽厚比≤20mm	c 类	c 类

5.4　实腹式轴心受压构件的局部稳定

实腹式轴心受压构件都是由一些板件组成的，一般板件的厚度与板的宽度相比都较小，因主要受轴心压力作用，故应按均匀受压板计算其板件的局部稳定。我国钢结构设计规范采用以板件屈曲作为失稳准则。图 5-8 所示为工字形截面轴心压杆，其翼缘板和腹板与工字形截面梁受压翼缘板受力屈曲情况相似，但在确定板件宽厚比限值时所采用的准则却不同。对梁受压翼缘板是按弹性阶段的屈曲应力略低于可能达到的最高应力即屈服点 f_y (计算时按 0.95 f_y)，从而得到自由外伸宽厚比限值 $b_1/t \leqslant 15\sqrt{235/f_y}$；对轴心压杆则是结合杆件的整体稳定考虑，即按板的局部失稳不先于杆件的整体失稳的原则和稳定准则决定板件宽厚比限值。

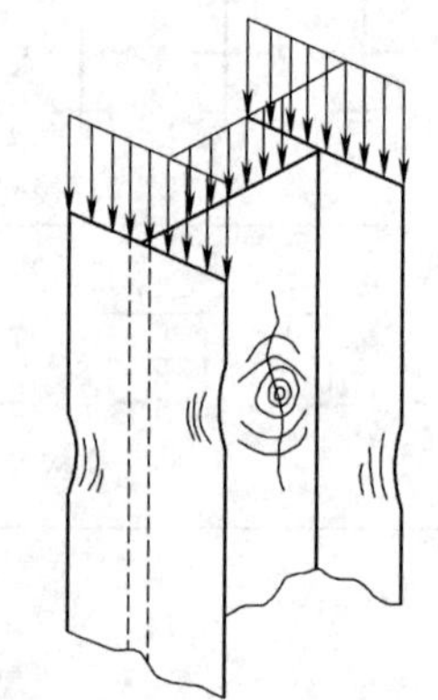

图 5-8　实腹式轴心受压构件的局部稳定

实腹轴心受压构件要求不出现局部失稳者，其板件宽厚比应符合下列规定。

1. H 形截面腹板

$$h_0 / t_w \leqslant (25 + 0.5\lambda)\varepsilon_k \tag{5-9}$$

式中：λ——构件的较大长细比；λ＜30 时，取为 30；当 λ＞100 时，取为 100；

h_0、t_w——分别为腹板计算高度和厚度；

2. H 形截面翼缘

$$b / t_{\mathrm{f}} \leqslant (10 + 0.1\lambda)\varepsilon_{\mathrm{k}} \tag{5-10}$$

式中：b、t_{f}——分别为翼缘板自由外伸宽度和厚度。

3. 箱形截面壁板

$$b / t \leqslant 40\varepsilon_{\mathrm{k}} \tag{5-11}$$

式中：b——壁板的净宽度。当箱形截面设有纵向加劲肋时，为壁板与加劲肋之间的净宽度。

4. T 形截面腹板宽厚比限值

T 形截面翼缘宽厚比限值应按式(5-13)确定。T 形截面腹板宽厚比限值为

热轧剖分 T 形钢：

$$h_0 / t_{\mathrm{w}} \leqslant (15 + 0.2\lambda)\varepsilon_{\mathrm{k}} \tag{5-12}$$

焊接 T 形钢：

$$h_0 / t_{\mathrm{w}} \leqslant (13 + 0.17\lambda)\varepsilon_{\mathrm{k}} \tag{5-13}$$

对焊接构件 h_0 取腹板高度 h_{w}；对热轧构件 h_0 取腹板平直段长度，简要计算时可取 $h_0 = h_{\mathrm{w}} - t_{\mathrm{f}}$，但不小于 $h_{\mathrm{w}} - 20\mathrm{mm}$。

5. 等边角钢轴心受压构件的肢件宽厚比限值

当 $\lambda \leqslant 80\varepsilon_{\mathrm{k}}$ 时：

$$w / t \leqslant 15\varepsilon_{\mathrm{k}} \tag{5-14}$$

当 $\lambda > 80\varepsilon_{\mathrm{k}}$ 时：

$$w / t \leqslant 5\varepsilon_{\mathrm{k}} + 0.125\lambda \tag{5-15}$$

式中：w、t——分别为角钢的平板宽度和厚度，简要计算时 w 可取为 $b-2t$，b 为角钢宽度；

λ——按角钢绕非对称主轴回转半径计算的长细比。

6. 轴心受压杆件的强度和稳定性

板件宽厚比超过钢结构设计标准规定限值时，可采用纵向加劲肋加强；当可考虑屈服后强度时，轴心受压杆件的强度和稳定性可按下列公式计算：

强度计算：

$$\frac{N}{A_{\mathrm{ne}}} \leqslant f \tag{5-16}$$

稳定性计算：

$$\frac{N}{\varphi A_{\mathrm{e}} f} \leqslant 1.0 \tag{5-17}$$

$$A_{\mathrm{ne}} = \Sigma \rho_{\mathrm{i}} A_{\mathrm{n}i} \tag{5-18}$$

$$A_{\mathrm{e}} = \Sigma \rho_{\mathrm{i}} A_{\mathrm{i}} \tag{5-19}$$

式中：A_{ne}、A_e——分别为有效净截面面积和有效毛截面面积；

A_{ni}、A_i——分别为各板件净截面面积和毛截面面积；

φ——稳定系数，可按毛截面计算；

ρ_i——各板件有效截面系数。

7. H 形、工字形、箱形和单角钢截面轴心受压构件的有效截面系数

H 形、工字形、箱形和单角钢截面轴心受压构件的有效截面系数 ρ 可按下列规定计算。

(1) 箱形截面的壁板、H 形或工字形的腹板

当 $\lambda \leqslant 40\varepsilon_k$ 时：

$$\rho = 1.0 \tag{5-20}$$

当 $\lambda > 52\varepsilon_k$ 时：

$$\rho \geqslant (29\varepsilon_k + 0.25\lambda)t/b \tag{5-21}$$

当 $b/t > 42\varepsilon_k$ 时：

$$\rho = \frac{1}{\lambda_{n,p}}\left(1 - \frac{0.19}{\lambda_{n,p}}\right) \tag{5-22}$$

$$\lambda_{n,p} = \frac{b/t}{56.2\varepsilon_k} \tag{5-23}$$

式中：b、t——分别为壁板或腹板的净宽度和厚度。

(2) 单角钢

当 $\lambda > 80\varepsilon_k$ 时：

$$p \geqslant (5\varepsilon_k + 0.13\lambda)t/w \tag{5-24}$$

当 $w/t > 15\varepsilon_k$ 时：

$$\rho = \frac{1}{\lambda_{n,p}}\left(1 - \frac{0.1}{\lambda_{n,p}}\right) \tag{5-25}$$

$$\lambda_{n,p} = \frac{w/t}{16.8\varepsilon_k} \tag{5-26}$$

H 形、工字形和箱形截面轴心受压构件的腹板，当用纵向加劲肋加强以满足宽厚比限值时，加劲肋宜在腹板两侧成对配置，其一侧外伸宽度不应小于 $10t$，厚度不应小于 $0.75t$，如图 5-9 所示。

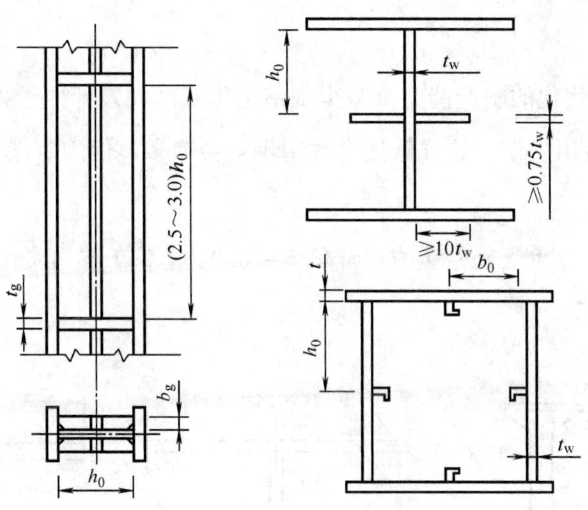

图 5-9 加劲肋的设置

5.5 实腹式轴心受压构件的截面设计

音频 实腹式受力构件的截面设计.mp3

实腹式轴心受压构件的截面形式一般可选用双轴对称的型钢截面或实腹式组合截面。为取得合理、经济的效果，可参照下述设计原则。

1. 宽肢薄壁

在满足板件宽厚比限制的条件下使截面面积分布尽量远离形心轴，以增大截面的惯性矩和回转半径，提高杆件的整体稳定承载能力和刚度，达到用料合理。

2. 等稳定性

使杆件在两个主轴方向的稳定承载力相同，以充分发挥其承载能力。因此，应尽可能使其两个方向的稳定系数或长细比相等，即$\varphi_x \approx \varphi_y$或$\lambda_x \approx \lambda_y$。对于两方向不在同一类的截面，稳定系数在长细比相同时也不同，但一般相差不大，仍可采用$\lambda_x \approx \lambda_y$方法或作适当调整。

3. 连接简便

杆件应便于与其他构件连接。在一般情况下，截面以开敞式为宜。对封闭式的箱形和管形截面，由于连接较困难，只在特殊情况下采用。

单根轧制普通工字钢由于对y轴的回转半径比对x轴的回转半径小很多，因此只适用于计算长度$l_{0x} \geqslant 3l_{0y}$的情况。

4. 制造省工

应能充分利用现代化的制造能力来减少制造工作量。如设计便于采用自动焊的截面(工字形截面等)和尽量使用型钢，这样做虽有时用钢量会增多，但因制造省工省时，故相对而言仍比较经济。

【案例 5-2】某支柱承受轴心压力设计值 N=1050kN，柱下端固定，上端铰接。如图 5-10 所示，试选择该柱截面。

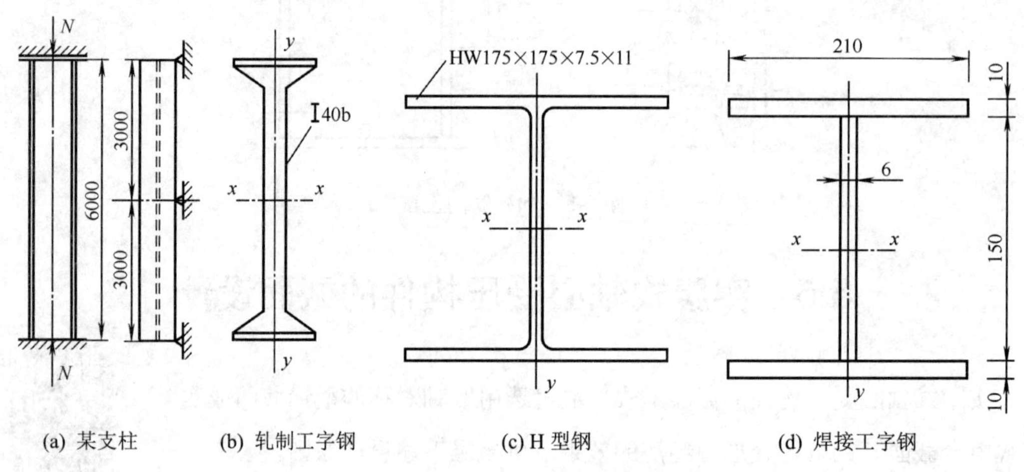

(a) 某支柱　(b) 轧制工字钢　(c) H 型钢　(d) 焊接工字钢

图 5-10　支柱承受轴心压力设计图

(1) 用轧制工字钢。

(2) 用热扎 H 型钢。

(3) 用焊接工字形截面，翼缘为剪切边，材料为 Q345 钢，截面无削弱。

(4) 若材料改为 Q235，选择出的截面是否可以安全承载？

5.6　格构式轴心受压构件的设计

5.6.1　格构式轴心受压构件的组成形式

格构式轴心受压构件的截面形式如图 5-11 所示，通常以双肢组合的较多。其中截面的轴线与各肢的轴线相重合时称为实轴，否则就叫作虚轴，图 5-11 中除图 5-11(a)的 x–x 轴为实轴外，其他所有 x–x、y–y 轴线均为虚轴。

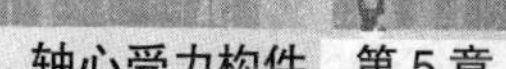

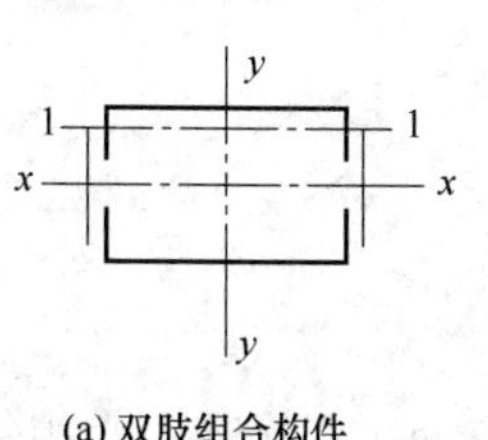

(a) 双肢组合构件

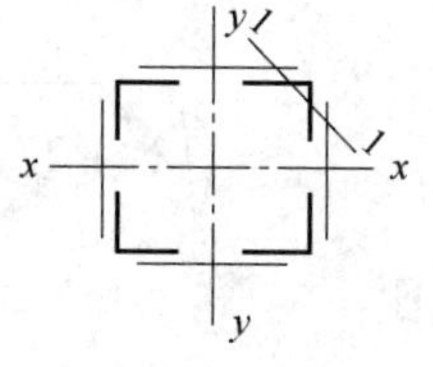

(b) 四肢组合构件

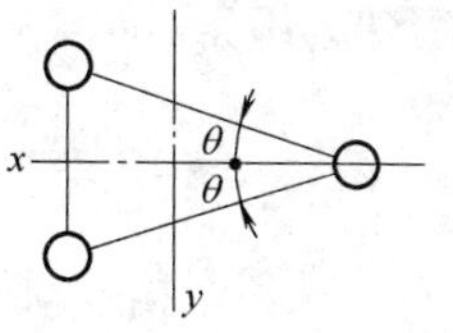

(c) 三肢组合构件

图 5-11 格构式组合构件截面

5.6.2 格构式轴心受压构件的稳定性

格构式轴心受压构件较实腹式的容易做到等稳定设计，如图 5-11(a)所示，只要调整两根槽钢间的距离，就能使回转半径$i_x = i_y$；对于图 5-11(b)，当四根等肢角钢的规格相同时，只要做成正方形就能满足等稳定的要求。此外，当两个方向的计算长度l_{0x}与l_{0y}不相等时，调整各肢的距离，也可做到等稳定。

格构式轴心受压构件的强度仍按式(5-1)计算。对实轴的长细比应按式(5-27)或式(5-28)计算，对虚轴，如图 5-11(a)的 x 轴和图 5-11(b)、图 5-11(c)和 x 轴和 y 轴应取换算长细比。

$$\lambda_x = \frac{l_{0x}}{i_y} \tag{5-27}$$

$$\lambda_y = \frac{l_{0x}}{i_y} \tag{5-28}$$

式中：l_{0x}、l_{0y}——分别为构件对截面主轴 x 和 y 的计算长度；

i_x、i_y——分别为构件截面对主轴 x 和 y 的回转半径(mm)。

进行刚度和稳定性计算时，对实轴而言，和实腹式轴心受压构件计算是完全相同的。但对虚轴而言，情况则不同。因为连接两肢的不是整块钢板，而是缀条或相隔一定距离的缀板，受力后因缀材体系的变形，剪力造成的附加挠曲影响不能忽略。使得绕虚轴的稳定性较差。对虚轴的失稳计算，常以加大长细比的办法来考虑剪切变形的影响，加大后的长细比称为换算长细比。因此，计算时使用换算长细比λ_0，并根据λ_0去查稳定系数φ值。不同的缀材体系，受力后的变形大小不同，换算长细比也不一样。换算长细比应按下列公式计算。

1. 双肢组合构件

当缀件为缀板时：

$$\lambda_{0x} = \sqrt{\lambda_x^2 + \lambda_1^2} \tag{5-29}$$

当缀件为缀条时：

$$\lambda_{0x}=\sqrt{\lambda_x^2+27\frac{A}{A_{1x}}} \tag{5-30}$$

式中：λ_x——整个构件对 x 轴的长细比；

λ_1——分肢对最小刚度轴 1-1 的长细比，其计算长度取为：焊接时，为相邻两缀板的净距离；螺栓连接时，为相邻两缀板边缘螺栓的距离；

A_{1x}——构件截面中垂直于 x 轴的各斜缀条毛截面面积之和(mm^2)。

2. 四肢组合构件

当缀件为缀板时：λ_{0x} 计算式同式(5-29)。

$$\lambda_{0y}=\sqrt{\lambda_y^2+\lambda_1^2} \tag{5-31}$$

当缀件为缀条时：

$$\lambda_{0x}=\sqrt{\lambda_x^2+40\frac{A}{A_{1x}}} \tag{5-32}$$

$$\lambda_{0y}=\sqrt{\lambda_y^2+40\frac{A}{A_{1y}}} \tag{5-33}$$

式中：λ_y——整个构件对 y 轴的长细比；

A_{1y}——构件截面中垂直于 y 轴的各斜缀条毛截面面积之和(mm^2)。

3. 缀件为缀条的三肢组合构件

$$\lambda_{0x}=\sqrt{\lambda_x^2+\frac{42A}{A_1(1.5-\cos^2\theta)}} \tag{5-34}$$

$$\lambda_{0y}=\sqrt{\lambda_y^2+\frac{42A}{A_1\cos^2\theta}} \tag{5-35}$$

式中：A_1——构件截面中各斜缀条毛截面面积之和(mm^2)；

θ——构件截面内缀条所在平面与 x 轴的夹角。

5.6.3 连接节点和构造规定

缀板与肢件的搭接长度不得小于 25mm。缀条的轴线与分肢的轴线应尽可能交于一点。为了缩短斜缀条两端受力角焊缝的搭接长度，可以采用三面围焊。在有横缀条时，有时为了增加缀条可能搭接的长度，也允许把轴线汇交在肢杆槽钢或角钢的边缘处，如图 5-12(a)所示，还可加设节点板，如图 5-12(b)、图 5-12(c)所示。

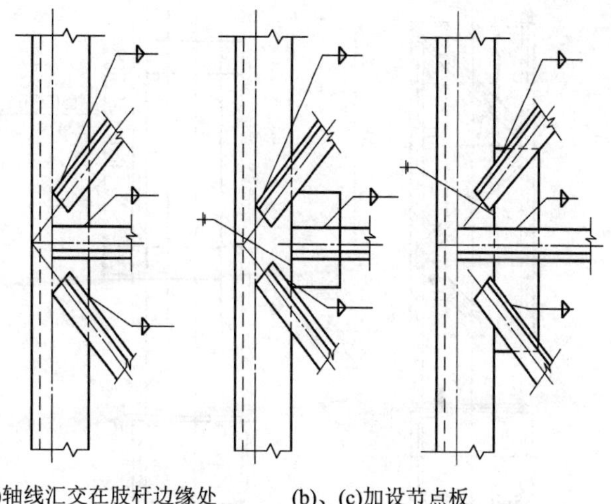

图 5-12　缀条与肢杆的连接

缀条不宜采用截面小于∟45×4 或∟56×36×4 的角钢。

格构柱的横截面为中部空心的矩形，抗扭刚度较差。为了增加杆件的整体刚度，避免变形，格构式构件在受较大水平力处和运输单元的端部应设置用钢板(厚度不小于 8mm)或角钢做的横膈，如图 5-13 所示。横膈的间距不得大于截面较大宽度的 9 倍或 8m，常取 4～6m。横隔可用钢板或交叉角钢做成。

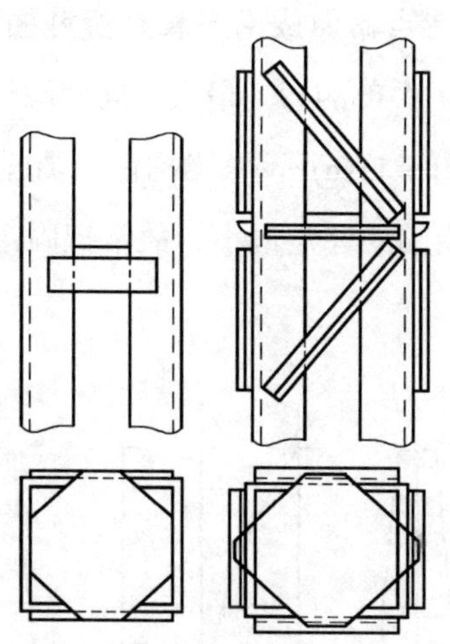

格构式构件.docx

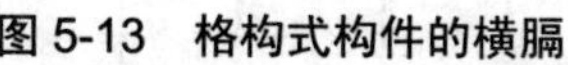

图 5-13　格构式构件的横膈

【案例 5-3】将案例 5-2 的柱，设计成缀条柱和缀板柱，如图 5-14 所示。材料为 Q345 钢，焊条 E50 型。

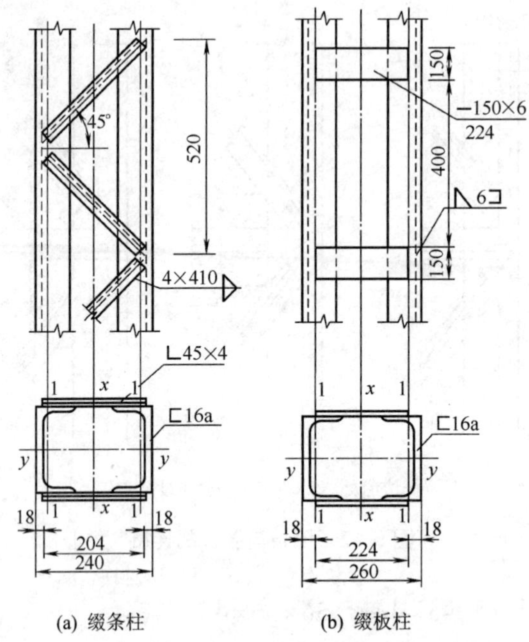

(a) 缀条柱　　(b) 缀板柱

图 5-14　缀条柱和缀板柱示意图

5.7　变截面轴心受压构件

轴心受压构件根据其受力特点常做成沿全长是变截面的。对于两端较大的构件，如图 5-15(a)所示，当发生挠曲时，中部的弯矩最大，向两端逐渐减小，故可将中部截面做得大一些，向两端对称地缩小，如图 5-15(b)所示。当构件一端固定，另一端自由时，如图 5-15(c)所示，固定端的弯矩最大，自由端的弯矩最小，故常把固定端的截面做得大一些，向自由端逐渐缩小，如图 5-15(d)所示。

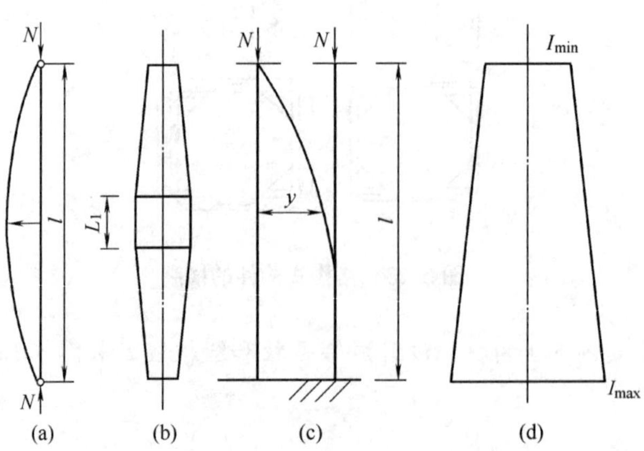

图 5-15　变截面轴心受压构件

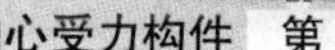

将轴心受压构件做成变截面，有助于合理使用材料，减轻自重。起重机械的臂架或桅杆大都做成变截面的。如图 5-16 所示的格构式臂架，在变幅(垂直)平面内，相当于两端铰接并主要承受轴心压力，故做成对称变化的变截面形式；在回转(水平)平面内，两端的约束情况则近似地认为顶端是自由的，末端是固定的，并主要承受横向弯曲，故做成非对称的变截面形式。

起重机臂架.docx

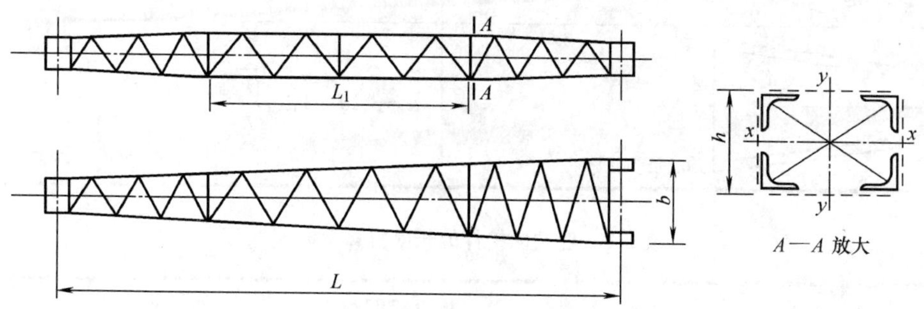

图 5-16 起重机臂架

以上只是从强度的观点来看待变截面的轴心受压构件。从稳定的观点来看，显然变截面受压构件要比全长保持等截面的构件差一些。因为截面的惯性矩由 I_{max} 减小到 I_{min} 构件的承载能力亦随之降低，降低值随变截面部分的长短以及 I_{min}/I_{max} 的比值而不同。

计算变截面受压构件的稳定性时，只要在计算长度 l_0 内再考虑一个系数，以折算长度来计算就可以了，其余计算方法，和前面的实腹式或格构式轴心受压构件完全相同。变截面构件的折算长度为：

$$l_z = \mu l_0 = \mu_z \cdot \mu l \tag{5-36}$$

式中：l_0——构件的计算长度；

μ——计算长度系数；

l——构件的几何长度；

μ_z——折算长度系数，决定于构件截面惯性矩的变化规律和 I_{min}/I_{max} 的比值。几种常见的变截面构件的 μ_z 值列于表 5-8 或表 5-9 中。

表 5-8 或表 5-9 中所列折算长度系数 μ_z 值恒大于 1，说明由于构件部分长度的截面变小，相当于计算长度增加了，因而，稳定承载能力就降低。截面改变越大以及变截面部分越大，μ_z 值也越大，承载能力也就下降越多。

表 5-8　工字形截面构件的长度折算系数 μ_z

构件简图	系 数 值
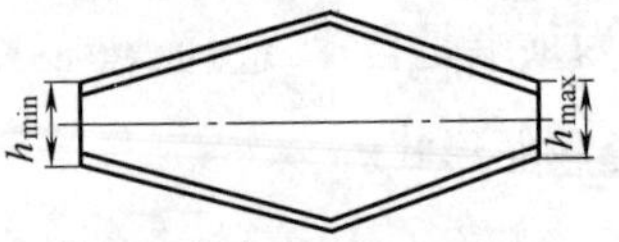 h_{min}　h_{max}	$\mu = 1.88 - 0.88\sqrt{\frac{h_{min}}{h_{max}}}$
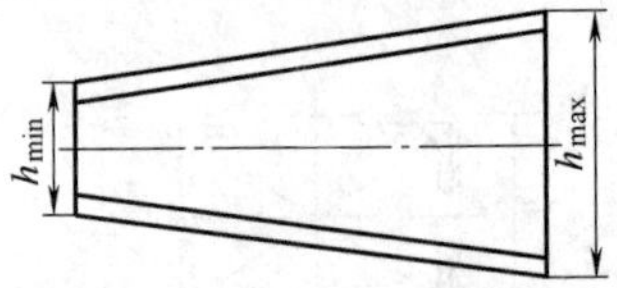 h_{min}　h_{max}	$\mu = 3.20 - 2.20\sqrt{\frac{h_{min}}{h_{max}}}$

表 5-9　变截面构件的长度折算系数 μ_z

惯性矩比值 $\frac{I_{min}}{I_{max}}$	构件简图									
	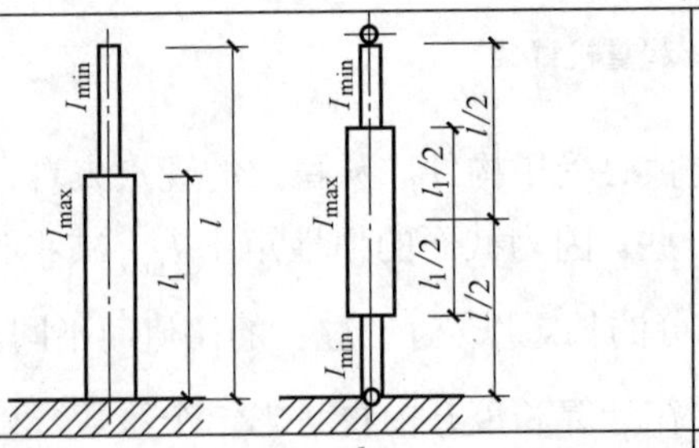 实腹式或格构式构件 $\frac{l_1}{l}$ 值					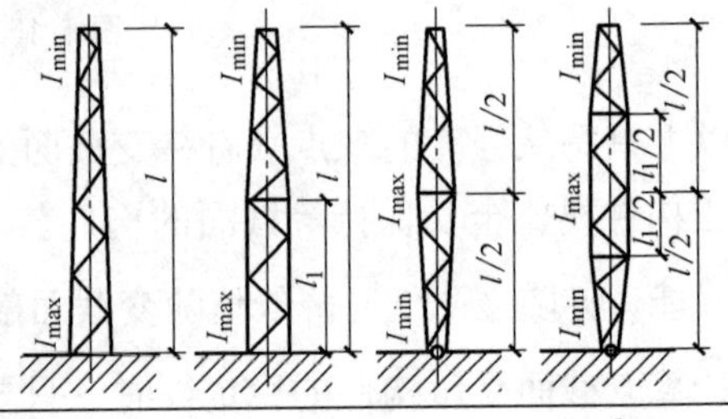 格构式构件(各肢截面积沿全长相等) $\frac{l_1}{l}$ 值				
	0	0.2	0.4	0.6	0.8	0	0.2	0.4	0.6	0.8
0.0001	—	—	—	—	—	3.14	1.82	1.44	1.14	1.01
0.01	—	8.03	6.04	4.06	2.09	1.69	1.45	1.23	1.07	1.01
0.1	—	2.59	2.03	1.48	1.07	1.35	1.22	1.11	1.03	1.00
0.2	—	1.88	1.53	1.21	1.03	1.25	1.15	1.07	1.02	1.00
0.4	—	1.39	1.22	1.08	1.01	1.14	1.08	1.04	1.01	1.00
0.6	—	1.19	1.10	1.03	1.01	1.08	1.05	1.02	1.01	1.00
0.8	—	1.07	1.04	1.01	1.00	1.03	1.02	1.01	1.00	1.00

5.8　柱头和柱脚

受压构件都是由柱头、柱身(可能其上与梁有连接)和柱脚三部分组成。柱头的作用是将上部构件和梁传来的荷载(N、M)传给柱身。柱脚的作用是把柱身内力可靠地传给基础。它们的构造原则相同，要求做到：传力明确，传力过程简捷，安全可靠，经济合理，且具有足够的刚度，构造简单，便于安装。

5.8.1 柱头

1. 轴心受压柱柱头

轴心受压柱柱头承受由横梁传来的压力，如图 5-17 所示为实腹式和格构式柱头构造。如图 5-17(b)、图 5-17(f)所示的工字形截面梁的端部设有突缘式支撑加劲肋，将梁所承受的荷载传给垫板，垫板放在柱顶板上面的中间位置。垫板与顶板间以构造角焊缝相连，这样就提高了顶板的抗弯刚度，顶板厚度一般不小于 14mm，取 16～20mm。顶板的下面设两个加劲肋，加劲肋的上端与顶板以角焊缝①相连，两加劲肋用角焊缝②分别连接于柱腹板的两侧。为了固定顶板的位置，顶板与柱身采用构造焊缝进行围焊。为了固定梁在柱头上的位置，常采用 C 级普通螺柱将梁下翼缘板与柱顶相连。

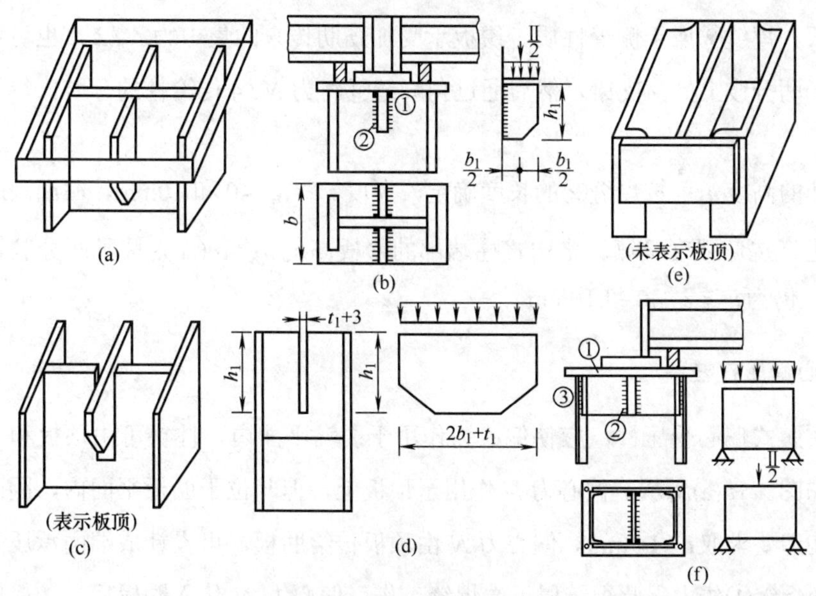

图 5-17 柱头构造

每个加劲肋与顶板间的传力，可以是局部承压关系承受 $N/2$，也可以通过具有端缝性质的焊缝①传力，前者用于 N 力较大的情况。加劲肋相当于用焊缝②固定于腹板两侧的悬臂梁。

通常先假定加劲肋的高度 h_1，加劲肋的宽度 b_1 可参照柱顶板的宽度确定，加劲肋的厚度 t_1 应符合局部稳定的要求，取 $t_1 \geqslant b_1/15$ 和 10mm，且不宜比柱腹板厚度超过太多。然后

对焊缝②进行验算，两条焊缝②受有向下的剪力 $N/2$ 和偏心弯矩 $M = Nb_1/4$，这样焊缝②属于 σ_f 和 τ_f 共同作用的角焊缝。接着应对起悬臂梁作用的加劲肋进行抗弯强度和抗剪强度的验算。

当梁传给柱头的压力较大时，将使图 5-17(b)的焊缝②长度很大，构造不合理。为此，可将柱腹板开一个槽，把图 5-17(b)的两个加劲肋合并成一个双悬臂梁放入柱腹板的槽口，如图 5-17(c)和图 5-17(d)所示。这种构造做法，悬臂梁本身的受力情况没有变化，但焊缝②却只承受向下剪力作用而没有偏心弯矩的影响，因而焊缝②的长度可大大缩短。

为了改善柱腹板的工作，有时可把柱子上端与加劲肋相连的一段腹板换成厚的钢板。

图 5-17(e)和图 5-17(f)为格构式柱的柱头构造图。当格构式柱的柱身由两个分肢组成时，柱头可由垫板、顶板、加劲肋和两块缀板组成。顶板把力 N 传给加劲肋的过程可有两种方式：第一种为顶板通过与加劲肋端面承压的作用传递 N 力，这用于 N 力较大的情况；另一种为顶板与加劲肋间通过焊缝①传递 N 力，焊缝①属于端缝性质。加劲肋承受顶板传来的均布荷载 $q = N/a_1$，如同简支在两块缀板上的简支梁。加劲肋两端的支反力 $N/2$ 由角焊缝②传给缀板，焊缝②属于侧缝性质。缀板承受加劲肋传来的集中力 $N/2$，也可近似地视为简支在柱子两分肢上的简支梁，然后通过角焊缝③将力 $N/4$ 传给柱的分肢，焊缝③也属于侧缝性质。

加劲肋的高度 h_1 可按焊缝②的长度确定，厚度 $t_1 \geqslant a_1/40$ 和 10mm。截面尺寸确定后应按简支梁进行抗弯强度验算。格构式柱端部的缀板高度 $b \geqslant a$（a 为柱子两分肢轴线间的距离)，厚度 t_1 仍为 $t_1 \geqslant a/40$ 和 10mm。

2. 偏心受压柱柱头

对于实腹式偏心受压柱，应使偏心力作用于弱轴平面内，柱头可由顶板和一块垂直肋板组成，如图 5-18(a)所示。偏心力 N 作用于顶板上，但却位于肋板平面内，因而顶板不需计算，按构造要求取 $t = 14$ mm。偏心力 N 由顶板传给肋板，可设计成端面承压受力，也可设计成用角焊缝①传力，此焊缝属于端焊缝工作。偏心力 N 传入肋板后，肋板属悬臂梁工作，应验算固定端矩形截面的抗弯和抗剪承载力。焊缝②是把悬臂肋固定端的内力(N 和 N_e)传给柱身，设计时应尽可能使偏心力 N 通过焊缝③长度的中心，同时要求肋板宽度与厚度之比不要超过 15 倍，以保证肋板的稳定。

格构式偏心受压柱柱头的构造如图 5-18(b)所示。由顶板、膈板和两块缀板组成。传力过程如下：偏心力 N 经顶板用端面承压或焊缝传给膈板，由膈板经焊缝②传给缀板，膈板按简支梁计算，焊缝属于侧缝。偏心力 $N/2$ 经焊缝②传给每块缀板后，缀板属悬伸梁工作，焊缝③和④是悬伸梁的支座，焊缝③受的力大于焊缝④。通过焊缝③和④，偏心力 $N/2$ 传给柱身。

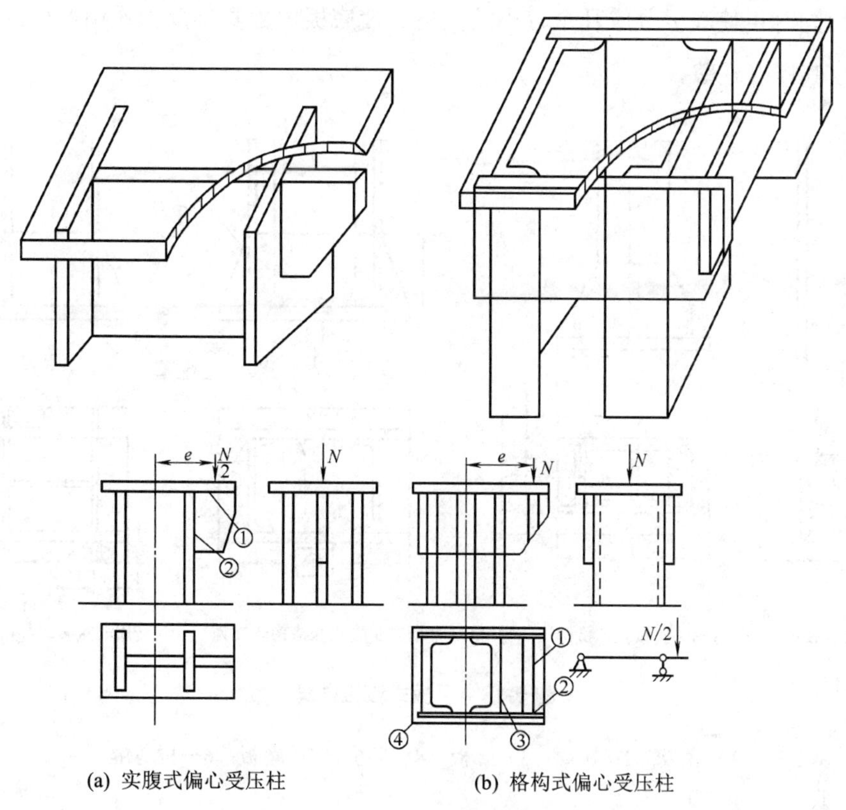

(a) 实腹式偏心受压柱　　(b) 格构式偏心受压柱

图 5-18　偏压柱柱头

5.8.2 柱脚

视频　柱脚.mp4

柱脚.docx

多高层结构框架柱的柱脚可采用埋入式柱脚、插入式柱脚及外包式柱脚，多层结构框架柱尚可采用外露式柱脚，单层厂房刚接柱脚可采用插入式柱脚、外露式柱脚，铰接柱脚宜采用外露式柱脚。

轴心受压柱的柱脚常设计成铰接，它把上部结构传来的荷载传给混凝土基础。图 5-19 所示为轴心受压构件常见的几种柱脚形式。它们一般由底板、靴梁、隔板和肋板等组成，并用埋设于混凝土基础内的锚栓将底板固定。由于锚栓只沿柱轴线设置，柱脚所能承受的弯矩有限，因此可近似地视为铰接。

由于基础材料(混凝土)的抗压强度远比钢材低，因此必须在柱底加一块放大的底板以增加与基础的接触面积。图 5-19(a)所示为铰接柱脚的最简单形式，压力通过柱与底板的连接焊缝传递，故当压力太大时，焊缝厚度可能超过构造限值，同时底板也可能因抗弯刚度的

需要而过厚，因此它只适用于小型柱。图 5-19(b)、(c)、(d)所示为几种常用的实腹式和格构式柱脚。由于增设了一些辅助传力的零件——靴梁、隔板和肋板，使柱端和底板的连接焊缝长度增加，同时也使底板分成几个较小的区格，使底板内由基础反力作用产生的弯矩大大减小，故使其厚度减薄。

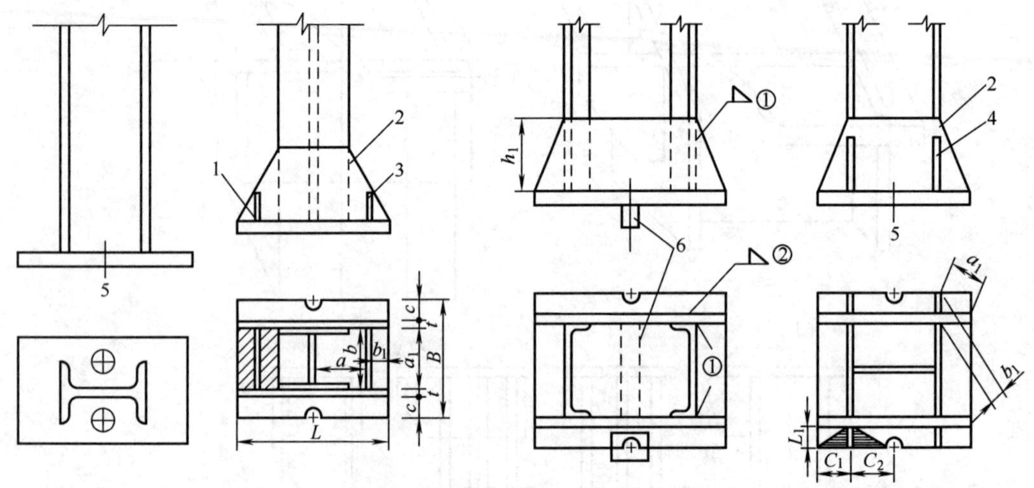

(a) 平板式柱脚　(b) 常用的实腹式和格构式柱脚　(c) 常用的实腹式和格构式柱脚　(d) 常用的实腹式和格构式柱脚

图 5-19　平板式铰接柱脚

1—底版；2—靴梁；3—隔板；4—肋板；5—垫板；6—抗剪键

外包式、埋入式及插入式柱脚，钢柱与混凝土接触的范围内不得涂刷油漆；柱脚安装时，应将钢柱表面的泥土、油污、铁锈和焊渣等用砂轮清刷干净。轴心受压柱或压弯柱的端部为铣平端时，柱身的最大压力应直接由铣平端传递，其连接焊缝或螺栓应按最大压力的 15%或最大剪力中的较大值进行抗剪计算；当压弯柱出现受拉区时，该区的连接应按最大拉力计算。

1. 外露式柱脚

柱脚锚栓不宜用以承受柱脚底部的水平反力，此水平反力由底板与混凝土基础间的摩擦力(摩擦系数可取 0.4)或设置抗剪键承受。柱脚底板尺寸和厚度应根据柱端弯矩、轴心力、底板的支承条件和底板下混凝土的反力以及柱脚构造确定。外露式柱脚的锚栓应考虑使用环境由计算确定。

柱脚锚栓应有足够的埋置深度，当埋置深度受限或锚栓在混凝土中的锚固较长时，则可设置锚板或锚梁。

2. 外包式柱脚

外包式柱脚的计算与构造应符合下列规定。

(1) 外包式柱脚底板应位于基础梁或筏板的混凝土保护层内；外包混凝土厚度，对 H 形截面柱不宜小于 160mm，对矩形管或圆管柱不宜小于 180mm，同时不宜小于钢柱截面高度的 30%；混凝土强度等级不宜低于 C30；柱脚混凝土外包高度，H 形截面柱不宜小于柱截面高度的两倍，矩形管柱或圆管柱宜为矩形管截面长边尺寸或圆管直径的 2.5 倍；若没有地下室，外包宽度和高度宜增大 20%；仅有一层地下室的，外包宽度宜增大 10%，如图 5-20 所示。

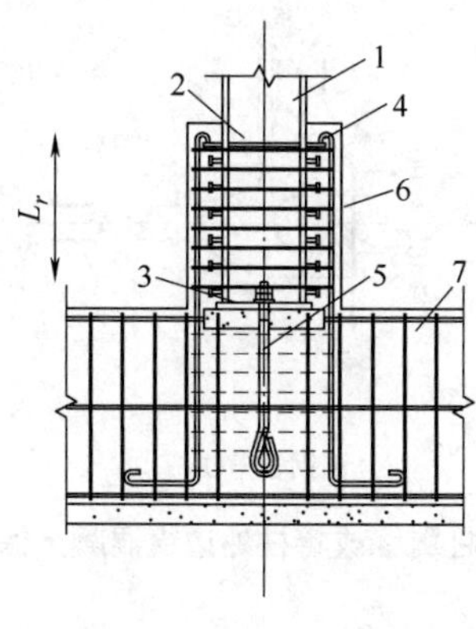

图 5-20　外包式柱脚

1—钢柱；2—水平加劲肋；3—柱底板；4—栓钉(可选)；5—锚栓；
6—外包混凝土；7—基础梁；L_r—外包混凝土顶部箍筋至柱底板的距离

(2) 柱脚底板尺寸和厚度应按结构安装阶段荷载作用下轴心力、底板的支承条件计算确定，其厚度不宜小于 16mm。

(3) 柱脚锚栓应按构造要求设置，直径不宜小于 16mm，锚固长度不宜小于其直径的 20 倍。

(4) 柱在外包混凝土的顶部箍筋处应设置水平加劲肋或横隔板。

(5) 当框架柱为圆管或矩形管时，应在管内浇灌混凝土，强度等级不应小于基础混凝土。浇灌高度应高于外包混凝土，且不宜小于圆管直径或矩形管的长边。

(6) 外包钢筋混凝土的受弯和受剪承载力验算及受拉钢筋和箍筋的构造要求应符合现行国家标准《混凝土结构设计规范》(GB 50010—2010)的有关规定，主筋伸入基础内的长度不应小于 25 倍直径，四角主筋两端应加弯钩，下弯长度不应小于 150mm，下弯段宜与钢柱焊接，顶部箍筋应加强加密，并不应小于三根直径 12mm 的 HRB335 级热轧钢筋。

3. 埋入式柱脚

埋入式柱脚应符合下列规定。

柱埋入部分四周设置的主筋、箍筋应根据柱脚底部弯矩和剪力按现行国家标准《混凝土结构设计规范》(GB 50010)计算确定，并应符合相关的构造要求。柱翼缘或管柱外边缘混凝土保护层厚度如图 5-21 所示，边列柱的翼缘或管柱外边缘至基础梁端部的距离不应小于 400mm，中间柱翼缘或管柱外边缘至基础梁梁边相交线的距离不应小于 250mm；基础梁梁边相交线的夹角应做成钝角，其坡度不应大于 1∶4 的斜角；在基础护筏板的边部，应配置水平 U 形箍筋抵抗柱的水平冲切。

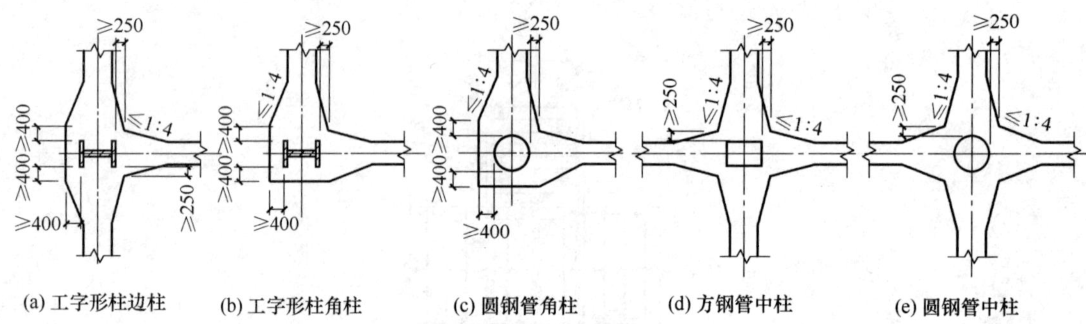

图 5-21　柱翼缘或管柱外边缘混凝土保护层厚度

埋入式柱脚埋入钢筋混凝土的深度 d 应符合下列公式的要求。

H 形、箱形截面柱：

$$\frac{V}{b_f d}+\frac{2M}{b_f d^2}+\frac{1}{2}\sqrt{\left(\frac{2V}{b_f d}+\frac{4M}{b_f d^2}\right)^2+\frac{4V^2}{b_f^2 d^2}}\leqslant f_c \tag{5-37}$$

圆管柱：

$$\frac{V}{Dd}+\frac{2M}{Dd^2}+\frac{1}{2}\sqrt{\left(\frac{2V}{Dd}+\frac{4M}{Dd^2}\right)^2+\frac{4V^2}{D^2 d^2}}\leqslant 0.8 f_c \tag{5-38}$$

式中：M、V ——柱脚底部的弯矩(N·mm)和剪力设计值(N)；

d ——柱脚埋深(mm)；

b_f ——柱翼缘宽度(mm)；

D ——钢管外径(mm)；

f_c ——混凝土抗压强度设计值，应按现行国家标准《混凝土结构设计规范》(GB 50010)的规定采用(N/mm^2)。

4. 插入式柱脚

插入式柱脚插入混凝土基础杯口的深度应符合表 5-10 的规定，双肢格构柱柱脚应根据下列公式计算：

$$d \geqslant \frac{N}{f_t S} \tag{5-39}$$

$$S = \pi(D + 100) \tag{5-40}$$

式中：N——柱肢轴向拉力设计值；

f_t——杯口内二次浇灌层细石混凝土抗拉强度设计值；

S——柱肢外轮廓线的周长，对圆管柱可按式(5-38)计算。

表 5-10　钢柱插入杯口的最小深度

柱截面形式	实腹柱	双肢格构柱(单杯口或双杯口)
最小插入深度 d_{min}	$1.5h_c$ 或 $1.5D$	$0.5h_c$ 和 $1.5b_c$(或 D)的较大值

注：① 实腹 H 形柱或矩形管柱的 h_c 为截面高度(长边尺寸)，b_c 为柱截面宽度，D 为圆管柱的外径。

② 格构柱的 h_c 为两肢垂直于虚轴方向最外边的距离，b_c 为沿虚轴方向的柱肢宽度。

③ 双肢格构柱柱脚插入混凝土基础杯口的最小深度不宜小于 500mm，亦不宜小于吊装时柱长度的 1/20。

插入式柱脚设计应符合下列规定。

(1) H 型钢实腹柱宜设柱底板，钢管柱应设柱底板，柱底板应设排气孔或浇注孔。

(2) 实腹柱柱底至基础杯口底的距离不应小于 50mm，当有柱底板时，其距离可采用 150mm。

(3) 实腹柱、双肢格构柱杯口基础底板应验算柱吊装时的局部受压和冲切承载力。

(4) 宜采用便于施工时临时调整的技术措施。

(5) 杯口基础的杯壁应根据柱底部内力设计值作用于基础顶面配置钢筋，杯壁厚度不应小于现行国家标准《建筑地基基础设计规范》(GB 50007—2011)的有关规定。

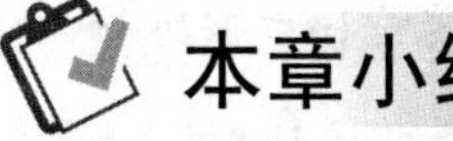

本章小结

本章主要阐述了轴心受力构件的截面形式、轴心受力构件的强度和刚度、轴心受压构件的稳定性、实腹式受力构件的局部稳定及截面设计、格构式轴心受力构件的设计、变截面轴心受压构件、柱头和柱脚的构造和设计等相关知识。希望学生们通过本章的学习，为以后相关轴心受力构件的学习和工作打下坚实的基础。

实训练习

一、单选题

1. 轴心受拉构件按强度计算的极限状态是(　　)。

A. 净截面的平均应力达到钢材的极限抗拉强度 f_u

B. 毛截面的平均应力达到钢材的极限抗拉强度 f_u

C. 净截面的平均应力达到钢材的屈服强度 f_y

D. 毛截面的平均应力达到钢材的屈服强度 f_y

2. 轴心受压构件应进行(　　)计算。

A. 强度计算　　B. 强度和刚度计算

C. 强度、整体稳定和刚度计算　　D. 强度、整体稳定、局部稳定和刚度计算

3. 轴心受拉构件应进行(　　)计算。

A. 强度计算　　B. 强度和刚度计算

C. 强度、整体稳定和刚度计算　　D. 强度、整体稳定、局部稳定和刚度计算

4. 轴心受压构件的整体稳定系数 φ 与(　　)因素有关。

A. 构件截面类别、构件两端连接构造、长细比

B. 构件截面类别、钢材钢号、长细比

C. 构件截面类别、构件计算长度系数、长细比

D. 构件截面类别、构件两个方向的长度、长细比

5. 格构式轴心受压构件绕虚轴的稳定计算采用换算长细比的原因是(　　)。

A. 组成格构式构件的分肢是热轧型钢，有较大的残余应力，使构件的临界力降低

B. 格构式构件有较大的附加弯矩，使构件的临界力降低

C. 格构式构件有加大的构造偏心，使构件的临界力降低

D. 格构式构件的缀条或缀板剪切变形较大，使构件的临界力降低

6. 缀条式轴心受压构件的斜缀条可按轴心压杆计算，但钢材的强度设计值要乘以折减系数以考虑(　　)。

A. 剪力影响　　B. 缀条与分肢间焊接缺陷的影响

C. 缀条与分肢间单面连接的偏心影响　　D. 各缀条轴线未交于分肢轴线的偏心影响

7. 计算两分肢格构式轴心受压构件绕虚轴弯曲屈曲时的整体稳定性时，查稳定系数 φ

时应采用(　　)长细比。(x 轴为虚轴)

A. λ_x　　B. λ_{0x}　　C. λ_y　　D. λ_{0y}

8. 轴心受压构件考虑腹板屈曲后强度，计算整体稳定系数，计算强度时，截面面积应按(　　)验算。

A. 有效截面面积、全截面面积　　B. 全截面面、净积截面面积

C. 均用净截面面积　　D. 均用有效截面面积

9. 轴心受压工字形截面柱翼缘的宽厚比和腹板的高厚比是根据下列(　　)原则确定的。

A. 板件的临界应力小于屈服强度

B. 板件的临界应力不小于屈服强度

C. 板件的临界应力小于构件的临界应力

D. 板件的临界应力不小于构件的临界应力

10. 确定轴心受压实腹柱腹板和翼缘宽厚比限值的原则是(　　)。

A. 等厚度原则　　B. 等稳定原则　　C. 等强度原则　　D. 等刚度原则

二、多选题

1. 型钢截面有(　　)。

A. 圆钢　　B. 钢管　　C. 角钢

D. T型钢　　E. 钢板

2. 轴心受压构件的屈曲形式(　　)。

A. 弯曲屈曲　　B. 扭矩屈服　　C. 压弯屈服

D. 扭转屈曲　　E. 弯扭屈曲

3. 实腹式轴心受压构件的截面设计的原则有(　　)。

A. 等稳定性　　B. 宽肢薄壁　　C. 制造省工

D. 连接简便　　E. 抗压性好

4. 轴心受拉构件应进行(　　)计算。

A. 强度计算　　B. 刚度计算　　C. 整体稳定计算

D. 局部稳定计算　　E. 弯矩计算

5. 轴心受压构件的整体稳定系数φ与(　　)有关。

A. 构件截面类别　　B. 长细比　　C. 构件计算长度系数

D. 构件两个方向的长度　　E. 构件两端连接构造

三、简答题

1. 有一轴心受压实腹柱，已知 10*x*=8m，10*y*=4m，各种荷载产生的轴心压力设计值 *N*=1200kN，采用 Q235 钢。试选：①轧制工字钢；②热轧 H 型钢；③用三块钢板焊成的工字形截面，翼缘为剪切边。并比较用钢量。

2. 试设计一双肢缀条柱，已知轴心压力设计值 *N*=1500kN，10*x*=10*y*=6m，采用 Q235 钢。

3. 已知桁架中有一轴心受压杆，轴心压力设计值 *N*=1000kN，两主轴方向的计算长度分别为 2m 和 4m。试分别选择两个不等肢角钢以短肢相连，以长肢相连和两个等肢角钢各组成 T 形截面。三种截面何者经济？角钢的间距取 10mm，材料为 Q235 钢。

4. 已知一轴心受压杆材料用采 Q235 钢，用热轧 H 型钢 250×250×9×14，10*x*=10*y*=6m，试计算最大允许轴心压力设计值。

第 5 章答案.docx

实训工作单

<table>
<tr><td>班级</td><td></td><td>姓名</td><td></td><td>日期</td><td></td></tr>
<tr><td colspan="2">教学项目</td><td colspan="4">轴心受力构件</td></tr>
<tr><td>学习项目</td><td colspan="2">轴心受力构件的截面形式、轴心受力构件的强度和刚度、实腹式轴心受力构件的整体稳定性</td><td colspan="2">学习要求</td><td>了解各轴心受力构件的截面形式、掌握轴心受力构件的强度和刚度计算、了解轴心拉杆的设计、掌握理想轴心受压构件的临界力</td></tr>
<tr><td colspan="3">相关知识</td><td colspan="3">构件的净截面面积、长细比、缺陷对理想轴心压杆临界力的影响、实腹式受力构件的局部稳定性</td></tr>
<tr><td colspan="3">其他内容</td><td colspan="3">实腹式受力构件的局部稳定性、试选截面、验算截面</td></tr>
<tr><td colspan="6">学习记录</td></tr>
<tr><td>评语</td><td colspan="3"></td><td>指导老师</td><td></td></tr>
</table>

第6章　拉弯和压弯构件

【教学目标】

- 了解拉弯和压弯构件的特点。
- 掌握拉弯和压弯构件截面强度计算。
- 掌握稳定计算。
- 了解压弯构件的柱头和柱脚设计。

第6章　拉弯和压弯构件.pptx

【教学要求】

本章要点	掌握层次	相关知识点
拉弯和压弯构件特点	掌握拉弯和压弯构件的基本特点	压弯构件的破坏形式
拉弯和压弯构件截面强度计算	1. 熟悉拉弯和压弯构件的强度计算。 2. 了解拉弯和压弯构件的刚度计算	压弯构件截面的受力状态
稳定计算	1. 掌握实腹式压弯构件在弯矩作用平面内的稳定性。 2. 熟悉弯矩绕虚轴作用的格构式压弯构件。 3. 熟悉弯矩绕实轴作用的格构式压弯构件。 4. 了解双向压弯圆管的整体稳定。 5. 了解双肢格构式压弯构件	压弯构件的稳定计算
压弯构件的柱头和柱脚设计	1. 掌握梁与柱的连接方式。 2. 了解柱脚的设计计算	底板和锚栓的计算

【案例导入】

与轴心受拉、轴心受压构件一样，拉弯、压弯构件的刚度也以规定它们的容许长细比进行控制。

【问题导入】

结合第 5 章，分析拉弯、压弯构件和轴心受拉、受压构件受力上有什么异同。

6.1 拉弯和压弯构件的特点

视频 拉弯和压弯构件.mp4

同时承受轴向力和弯矩的构件称为压弯(或拉弯)构件，如图 6-1 和图 6-2 所示。弯矩可能由轴向力的偏心作用、端弯矩作用或横向荷载作用三种因素形成。当弯矩作用在截面的一个主轴平面时称为单向压弯(或拉弯)构件，作用在两主轴平面的称为双向压弯(或拉弯)构件。

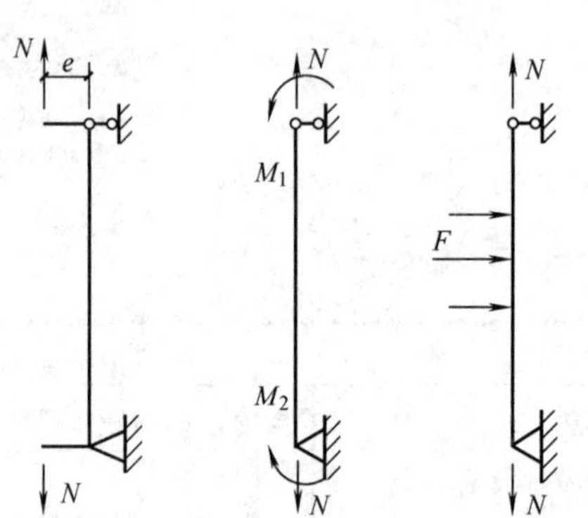

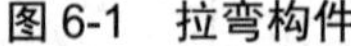

图 6-1　拉弯构件

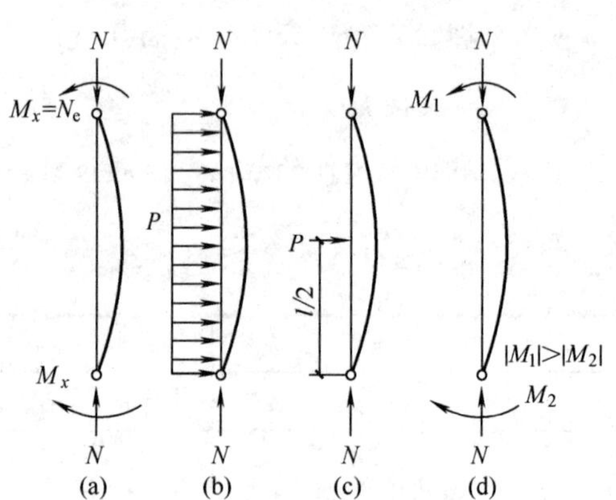

图 6-2　压弯构件

1. 拉弯构件

对于拉弯构件，如果所承受的弯矩较小，而承受轴心拉力较大时，其截面形式和一般的轴心拉杆是一样的。但当拉弯构件承受的弯矩很大时，在弯矩作用平面内应采用有较大抗弯刚度的截面。

在拉力和弯矩共同作用下，截面出现塑性铰是拉弯构件承载能力的极限状态。但对于格构式拉弯构件或冷弯薄壁型钢拉弯构件，当截面边缘纤维开始屈服时，就基本上达到了承载力的极限。对于轴心力较小而弯矩很大的拉弯构件，也有可能和受弯构件一样出现弯扭屈曲。拉弯构件受压部分的板件也存在局部屈曲的可能性，此时应按受弯构件要求核算其整体和局部稳定。

在钢结构中拉弯构件的应用较少，钢屋架中下弦杆一般属于轴心拉杆，但在下弦杆的节点间作用有横向荷载时就属于拉弯构件。

钢屋架.docx

2. 压弯构件

对于压弯构件，如果承受的弯矩很小，而轴心压力却很大，其截面形式和一般轴心受压构件相同。但当构件承受的弯矩相对很大时，可采用截面高度较大的双轴对称截面。而当只有一个方向弯矩较大时，可采用如图 6-3(a)所示的单轴对称截面，使弯矩绕强轴(x 轴)作用，并使较大的翼缘位于受压一侧。此外，压弯构件也可以采用由型钢和缀材组成的格构柱，如图 6-3(b)所示。以便充分利用材料，获得较好的经济效果。

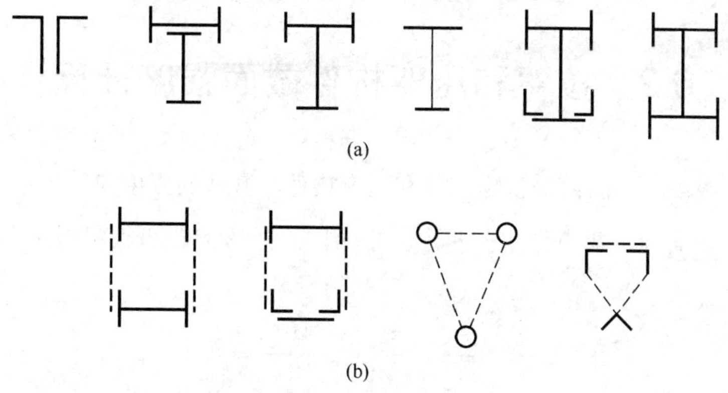

图 6-3　压弯构件单轴对称截面

压弯构件的破坏形式有：①强度破坏。主要原因是因为杆端弯矩很大或杆件截面局部有严重的削弱；②在弯矩作用的平面内发生弯曲失稳破坏。发生这种破坏的构件变形形式没有改变，仍为弯矩作用平面内的弯曲变形；③弯矩作用平面外失稳破坏。这种破坏除了在弯矩作用方向存在弯曲变形外，垂直于弯矩作用的方向也会突然产生弯曲变形，同时截面还会绕杆轴发生扭转；④局部失稳破坏。如果构件的局部出现失稳现象，也会导致压弯构件提前发生整体失稳破坏。

音频　拉弯和压弯构件的破坏形式.mp3

与轴心受力构件一样，拉弯构件和压弯构件除应满足承载力极限状态要求外，还应满足正常使用极限状态要求，即刚度要求。刚度要求是通过限制构件的长细比来实现的。

在钢结构中压弯构件的应用十分广泛，例如，有节间荷载作用的屋架上弦杆(见图 6-4)以及厂房的框架柱(见图 6-5)，高层建筑的框架柱和海洋平台上的立柱等。

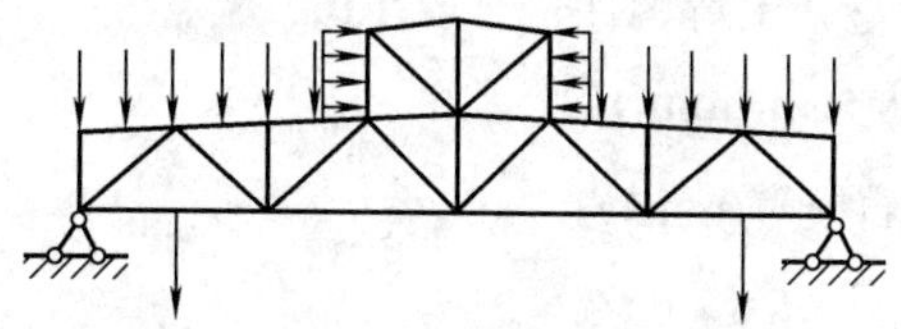

图 6-4　屋架中的压弯和拉弯构件

框架柱.docx

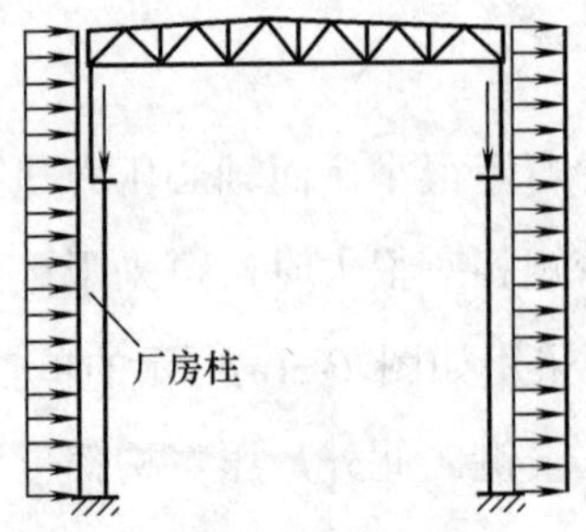

图 6-5　单层厂房框架柱中的压弯构件

6.2　拉弯和压弯构件截面强度计算

弯矩作用在两个主平面内的拉弯构件和压弯构件，其截面强度应符合下列规定。

(1) 除圆管截面外，弯矩作用在两个主平面内的拉弯构件和压弯构件，其截面强度应按下式计算：

$$\frac{N}{A_{\mathrm{n}}} \pm \frac{M_x}{\gamma_x W_{\mathrm{n}x}} \pm \frac{M_y}{\gamma_y W_{\mathrm{n}y}} \leqslant f \tag{6-1}$$

(2) 弯矩作用在两个主平面内的圆形截面拉弯构件和压弯构件，其截面强度应按下式计算：

音频　拉弯和压弯构件截面强度设计要求.mp3

$$\frac{N}{A_{\mathrm{n}}} + \frac{\sqrt{M_x^2 + M_y^2}}{\gamma_{\mathrm{m}} W_{\mathrm{n}}} \leqslant f \tag{6-2}$$

式中：N——同一截面处轴心压力设计值(N)；

M_x、M_y——分别为同一截面处对 x 轴和 y 轴的弯矩设计值(N·mm)；

γ_x、γ_y——截面塑性发展系数，根据其受压板件的内力分布情况确定其截面板件宽厚比等级，当截面板件宽厚比等级不满足 S3 级要求时取 1.0，满足 S3 级要求时，可按表 6-1 采用；需要验算疲劳强度的拉弯、压弯构件，宜取 1.0；

γ_{m}——圆形构件的截面塑性发展系数，对于实腹圆形截面取 1.2，当圆管截面板件宽厚比等级不满足 S3 级要求时取 1.0，满足 S3 级要求时取 1.15；需要验算疲劳强度的拉弯、压弯构件，宜取 1.0；

A_{n}——构件的净截面面积(mm^2)；

W_{n}——构件的净截面模量(mm^3)。

表 6-1　截面塑性发展系数 γ_x、γ_y

项　次	截面形式	γ_x	γ_y
1	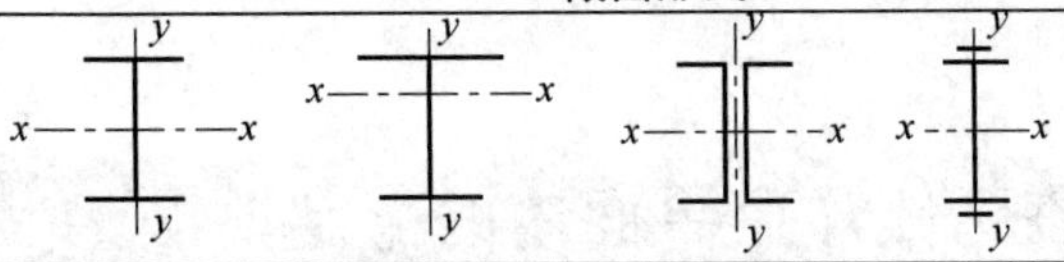	1.05	1.2
2	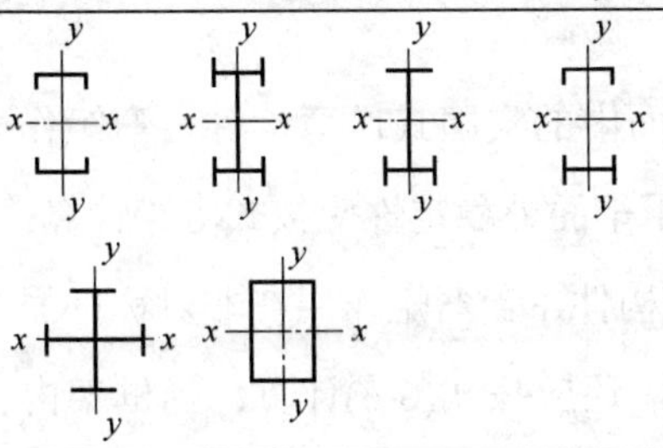		1.05
3	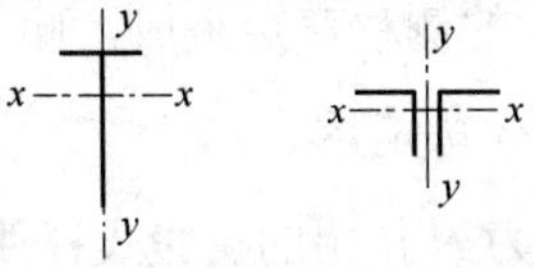	$\gamma_{x1}=1.05$ $\gamma_{x2}=1.2$	1.2
4	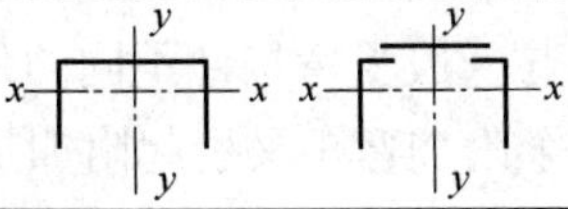		1.05
5	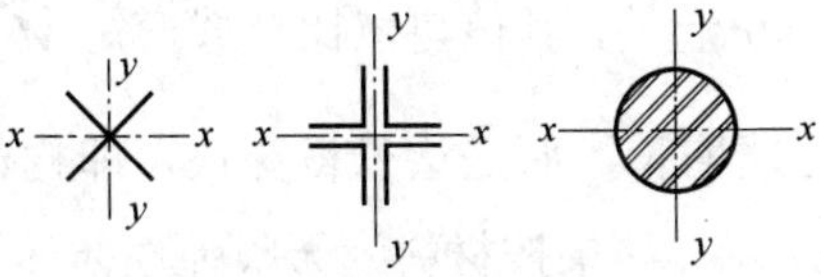	1.2	1.2
6	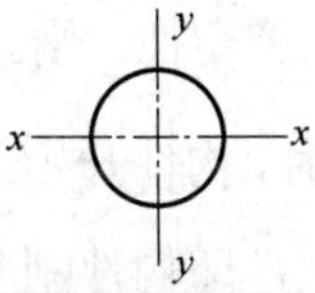	1.15	1.15
7	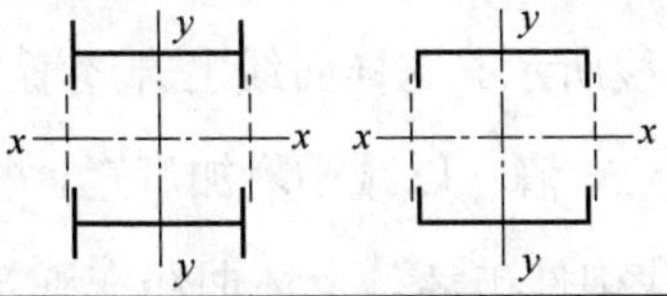	1.0	1.05
8	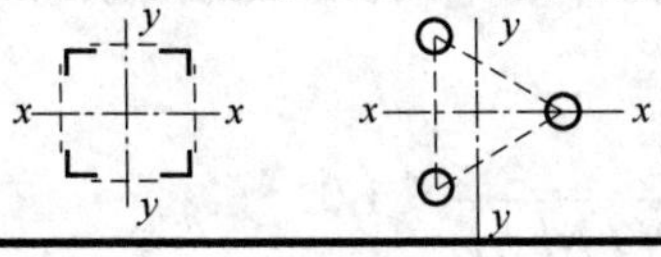		1.0

6.3　稳 定 计 算

压弯构件的截面尺寸通常由稳定承载力确定。对于双轴对称截面一般将弯矩绕强轴作用，而单轴对称截面则将弯矩作用在对称轴平面内，故构件可能在弯矩作用平面内弯曲屈

曲。但因构件在垂直于弯矩作用平面的刚度较小，所以也可能因侧向弯曲和扭转使构件产生弯扭屈曲，即通称的弯矩作用平面外失稳。因此，对于压弯构件须分别对其两方向的稳定进行计算。

6.3.1 实腹式压弯构件在弯矩作用平面内的稳定性

除圆管截面外，弯矩作用在对称轴平面内的实腹式压弯构件，弯矩作用平面内稳定性应按式(6-3)计算，弯矩作用平面外稳定性应按式(6-5)计算；对于表 6-1 中第 3、4 项中的单轴对称压弯构件，当弯矩作用在非对称平面内且使翼缘受压时，除应按式(6-3)计算外，还应按式(6-6)计算；当框架内力采用二阶弹性分析时，柱弯矩由无侧移弯矩和放大的侧移弯矩组成，此时可对两部分弯矩分别乘以无侧移柱和有侧移柱的等效弯矩系数。

音频　钢结构实腹式压弯构件的计算内容.mp3

如图 6-6(a)所示，是一承受等端弯矩 M 及轴心压力 N 作用的实腹式杆件。由于有 M 作用，加载开始构件就会(沿弯矩作用方向)产生挠度，与一般受弯构件不同的是，由于存在轴力，轴力与挠度相互作用，又产生附加弯矩 N_y，这个附加弯矩又引起附加挠度。这样包括附加挠度在内的总挠度是由总弯矩 $M+N_y$ 引起的，其值自然比荷载弯矩 M 引起的更大。这样当轴力增加时，挠度不是与轴力成正比地增长，而是增长得更快，即构件的荷载—位移 $(N-V_{\mathrm{m}})$ 曲线呈非线性关系，如图 6-6(b)所示。如果按材料为无限弹性体计算，则当挠度达到无穷大时，N 趋近欧拉临界力 N_{cr}，构件破坏。如考虑材料为弹塑性，则当 N 增大到使构件弯曲凹侧边缘应力达到屈服点如图 6-6(b)所示曲线上的 a 点时，构件开始进入弹塑性工作状态。随着 N 增大，构件内弹性区逐渐减小，塑性区逐渐增大，即构件刚度逐渐减小，使挠度增加比弹性分析结果更大，如图 6-6(b)中虚线所示。这样曲线上升逐渐平缓，直到 b 点达到极限值 N。随后变形如再增大，就必须减小 N 值，以减小附加弯矩，构件才能维持平衡，这样曲线进入下降段，直到变形增加太大使构件破坏。上述曲线在弹塑性阶段计算十分复杂，且只能用计算机进行数值分析才能求得。

$$\frac{N}{\varphi_x Af}+\frac{\beta_{\mathrm{m}x}M_x}{\gamma_x W_{1x}(1-0.8N/N'_{\mathrm{E}x})f}\leqslant 1.0 \tag{6-3}$$

$$N'_{\mathrm{E}x}=\pi^2 EA/(1.1\lambda_x^2) \tag{6-4}$$

$$\frac{N}{\varphi_y Af}+\eta\frac{\beta_{\mathrm{t}x}M_x}{\varphi_{\mathrm{b}}W_{1x}f}\leqslant 1.0 \tag{6-5}$$

$$\left|\frac{N}{Af}-\frac{\beta_{mx}M_x}{\gamma_x W_{2x}(1-1.25N/N'_{\mathrm{E}x})f}\right|\leqslant 1.0 \tag{6-6}$$

式中：N——所计算构件范围内轴心压力设计值(N)；

M'_{Ex}——参数，按式(6-4)计算(mm)；

φ_x——弯矩作用平面内轴心受压构件稳定系数；

M_x——所计算构件段范围内的最大弯矩设计值(N·mm)；

W_{1x}——在弯矩作用平面内对受压最大纤维的毛截面模量(mm^3)；

φ_y——弯矩作用平面外的轴心受压构件稳定系数；

φ_b——均匀弯曲的受弯构件整体稳定系数；

η——截面影响系数，闭口截面$\eta = 0.7$，其他截面$\eta = 1.0$；

β_{tx}——等效弯矩系数，两端支承的构件段取其中央 1/3 范围内的最大弯矩与全段最大弯矩之比，但不小于 0.5；悬臂段取$\beta_{tx} = 1.0$；

W_{2x}——无翼缘端的毛截面模量(mm^3)。

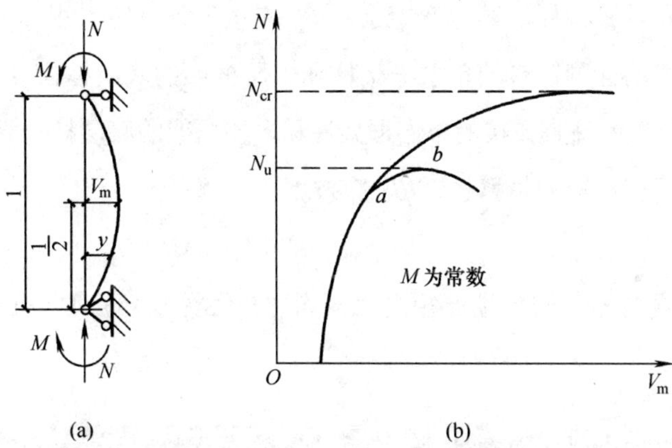

图 6-6　压弯构件 $N-V_m$ 曲线

等效弯矩系数β_{mx}应按下列规定采用。

1. 无侧移框架柱和两端支承的构件

(1) 无横向荷载作用时，β_{mx}应按下式计算：

$$\beta_{mx} = 0.6 + 0.4\frac{M_2}{M_1} \tag{6-7}$$

式中：M_1、M_2——端弯矩(N · mm)，构件无反弯点时取同号；构件有反弯点时取异号，$|M_1| \geqslant |M_2|$。

(2) 无端弯矩但有横向荷载作用时，β_{mx}应按下列公式计算。

跨中单个集中荷载：

$$\beta_{mx} = 1 - 0.36N / N_{cr} \tag{6-8}$$

全跨均布荷载：

$$\beta_{mx}=1-0.18N/N_{cr} \tag{6-9}$$

$$N_{cr}=\frac{\pi^2 EI}{(\mu l)^2} \tag{6-10}$$

式中：N_{cr}——弹性临界力(N)；

μ——构件的计算长度系数。

(3) 端弯矩和横向荷载同时作用时，式(6-3)的$\beta_{mx}M_x$应按下式计算：

$$\beta_{mx}M_x=\beta_{mqx}M_{qx}+\beta_{m1x}M_1 \tag{6-11}$$

式中：M_{qx}——横向荷载产生的弯矩最大值(N·mm)；

ρ_{m1x}——等效弯矩系数。

悬臂式构件.docx

2. 有侧移框架柱和悬臂构件等效弯矩系数

有侧移框架柱和悬臂构件，等效弯矩系数β_{mx}应按下列规定采用。

(1) 有横向荷载的柱脚铰接的单层框架柱和多层框架的底层柱，$\beta_{mx}=1.0$。

(2) 除有横向荷载的柱脚铰接的单层框架柱和多层框架的底层柱，β_{mx}应按式(6-8)计算。

(3) 自由端作用有弯矩的悬臂柱，β_{mx}应按下式计算：

$$\beta_{mx}=1-0.36(1-m)N/N_{cr} \tag{6-12}$$

式中：m——自由端弯矩与固定端弯矩之比，当弯矩图无反弯点时取正号，有反弯点时取负号。

6.3.2 弯矩绕虚轴作用的格构式压弯构件

弯矩绕虚轴作用的格构式压弯构件整体稳定性计算应符合下列规定。

(1) 弯矩作用平面内的整体稳定性应按下列公式计算：

$$\frac{N}{\varphi_x Af}+\frac{\beta_{mx}M_x}{W_{1x}(1-N/N'_{Ex})f}\leqslant 1.0 \tag{6-13}$$

$$W_{1x}=I_x/y_0 \tag{6-14}$$

式中：I_x——对虚轴的毛截面的惯性矩(mm^4)；

y_0——由虚轴到压力较大分肢的轴线距离或者到压力较大分肢腹板外边缘的距离，二者取较大者(mm)；

φ_x、N'_{Ex}——分别为弯矩作用平面内轴心受压构件稳定系数和参数，由换算长细比确定。

(2) 弯矩作用平面外的整体稳定性可不计算，但应计算分肢的稳定性，分肢的轴心力

应按桁架的弦杆计算。对缀板柱的分肢尚应考虑由剪力引起的局部弯矩。

6.3.3 弯矩绕实轴作用的格构式压弯构件

弯矩绕实轴作用的格构式压弯构件，其弯矩作用平面内和平面外的稳定性计算均与实腹式构件相同。但在计算弯矩作用平面外的整体稳定性时，长细比应取换算长细比，ϕ_b 应取 1.0。

【案例 6-1】试计算如图 6-7 所示拉弯构件的强度。轴心拉力设计值 N=210kN，杆中点横向集中荷载设计值 F=31.2kN，均为静力荷载。杆中点螺栓的孔径 d_0=21.5mm。钢材 Q235，$[\lambda]$=350。

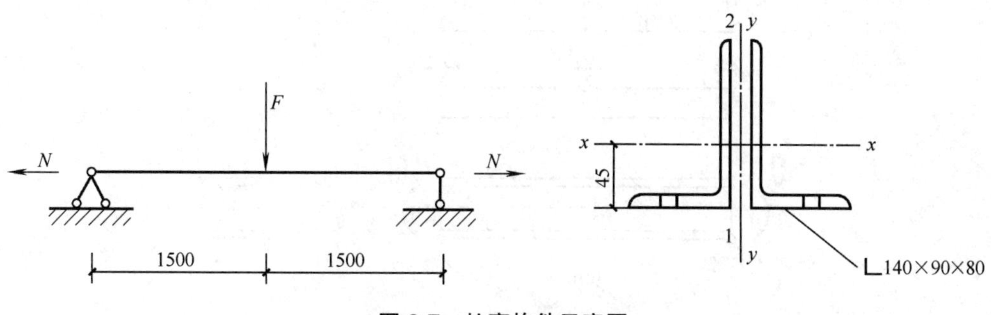

图 6-7 拉弯构件示意图

6.3.4 双向压弯圆管的整体稳定

当柱段中没有很大横向力或集中弯矩时，双向压弯圆管的整体稳定按下列公式计算：

$$\frac{N}{\varphi Af}+\frac{\beta M}{\gamma_m W(1-0.8N/N'_{Ex})f}\leqslant 1.0 \tag{6-15}$$

$$M=\max(\sqrt{M_{xA}^2+M_{yA}^2},\sqrt{M_{xB}^2+M_{yB}^2}) \tag{6-16}$$

$$\beta=\beta_x\beta_y \tag{6-17}$$

$$\beta_x=1-0.35\sqrt{N/N_E}+0.35\sqrt{N/N_E}(M_{2x}/M_{1x}) \tag{6-18}$$

$$\beta_y=1-0.35\sqrt{N/N_E}+0.35\sqrt{N/N_E}(M_{2y}/M_{1y}) \tag{6-19}$$

$$N_E=\frac{\pi^2 EA}{\lambda^2} \tag{6-20}$$

式中：φ——轴心受压构件的整体稳定系数，按构件最大长细比取值。

M——计算双向压弯圆管构件整体稳定时采用的弯矩值，按式(6-16)计算(N·mm)；

M_{xA}、M_{yA}、M_{xB}、M_{yB}——分别为构件 A 端关于 x、y 轴的弯矩和构件 B 端关于 x、y 轴的弯矩(N·mm)；

β——计算双向压弯整体稳定时采用的等效弯矩系数；

M_{1x}、M_{2x}、M_{2y}、M_{3y}——分别为x、y轴端弯矩(N·mm)；构件无反弯点时取同号，构件有反弯点时取异号；$|M_{1x}|\geqslant|M_{2x}|$，$|M_{1y}|\geqslant|M_{2y}|$；

N_E——根据构件最大长细比计算的欧拉力，按式(6-20)计算。

【案例 6-2】一工字钢制作的压弯构件，两端铰接，长度 4.5m，在构件的中点有一个侧向支承，钢材为 Q235，验算如图 6-8(a)和(b)两种受力情况的构件在弯矩作用平面内的整体稳定。构件除承受轴心压力 N=20kN 外，作用的其他外力为：如图 6-8(a)所示在构件两端同时作用着大小相等、方向相反的弯矩 M_x=30kN · m，图 6-8(b)所示在跨中作用一横向荷载 F=20kN。

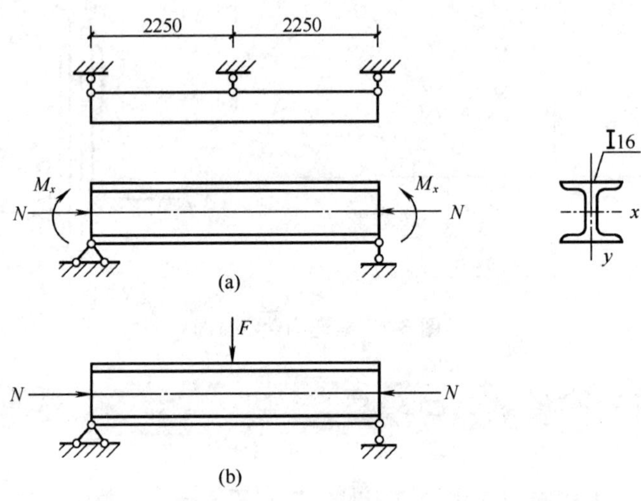

图 6-8　压弯构件示意图

【案例 6-3】如图 6-9 所示的两端铰接的压弯构件，长为 3m，承受荷载设计值有：轴向压力 N=60kN，弯矩 M=30kN·m，构件截面为I20a，钢材为 Q235，试验算该构件在弯矩作用平面外的整体稳定性。

平行桁架.docx

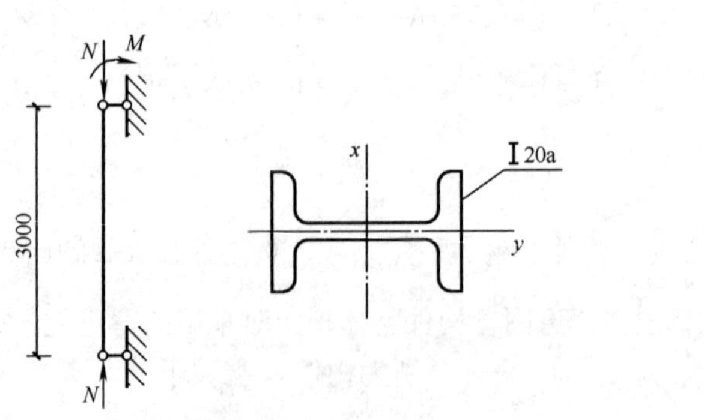

图 6-9　两端铰接的压弯构件

6.3.5 双肢格构式压弯构件

弯矩作用在两个主平面内的双肢格构式压弯构件，其稳定性应按下列规定计算：

1. 按整体计算

$$\frac{N}{\varphi_x Af}+\frac{\beta_{mx}M_x}{W_{1x}(1-N/N'_{Ex})f}+\frac{\beta_{ty}M_y}{W_{1y}f}\leqslant 1.0 \tag{6-21}$$

式中：W_{1y}——在 M_y 的作用下，对较大受压纤维的毛截面模量(mm^3)。

2. 按分肢计算

在 N 和 M_x 作用下，将分肢作为桁架弦杆计算其轴心力，M_x 按式(6-22)和式(6-23)分配给两分肢，如图 6-10 所示，然后计算分肢稳定性。

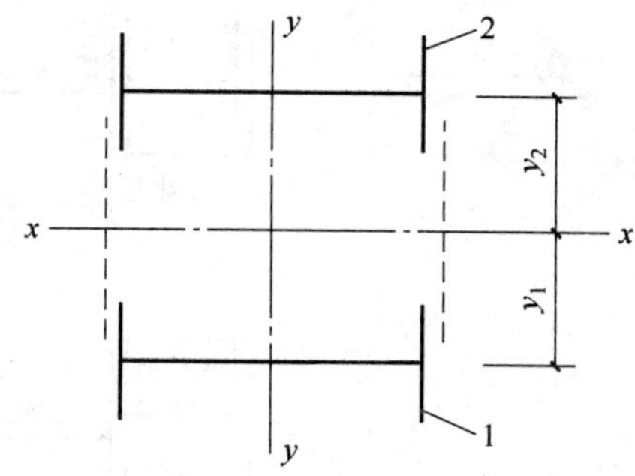

图 6-10 格构式构件截面

1—分肢 1；2—分肢 2

分肢 1：

$$M_{y1}=\frac{I_1/y_1}{I_1/y_1+I_2/y_2}\cdot M_y \tag{6-22}$$

分肢 2：

$$M_{y2}=\frac{I_2/y_2}{I_1/y_1+I_2/y_2}\cdot M_y \tag{6-23}$$

式中：I_1、I_2——分肢 1、分肢 2 对 y 轴的惯性矩(mm^4)；

y_1、y_2——M_y 作用的主轴平面至分肢 1、分肢 2 轴线的距离(mm)。

6.4 压弯构件的柱头和柱脚设计

梁与柱的连接分铰接和刚接两种形式。轴心受压柱与梁的连接应采用铰接，在框架结构中，横梁与柱则多采用刚接。刚接对制造和安装的要求较高，施工较复杂。设计梁与柱

的连接应遵循安全可靠、传力路线明确简捷、构造简单和便于制造安装等原则。压弯柱最常用作单层和多层厂房柱，也用于某些支架柱。

6.4.1 梁与柱的连接

梁与柱连接前，事先在柱身侧面连接位置处焊上衬板(垫板)，梁翼缘端部做成剖口，并在梁腹板端部留出槽口，上槽口是为了让出衬板位置，下槽口供焊缝通过。梁吊装就位后，梁腹板与柱翼缘用角焊缝相连，梁翼缘与柱翼缘用剖口对接焊缝相连，如图 6-11(a)所示。

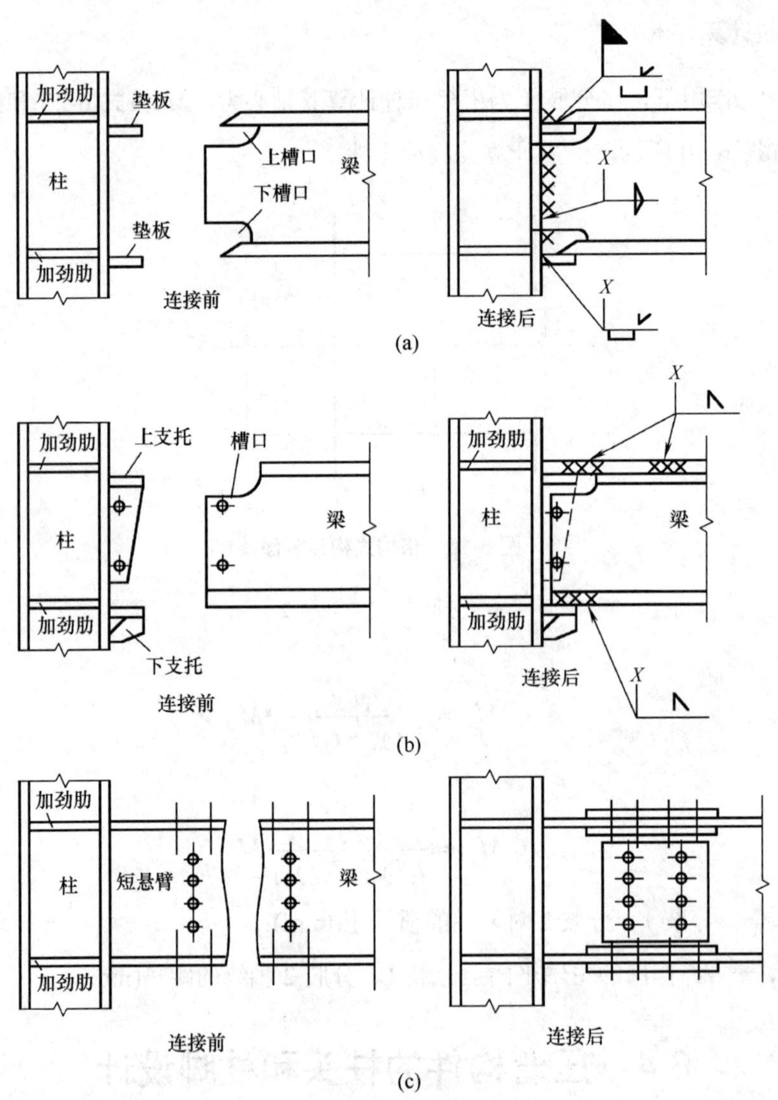

图 6-11　梁与柱的刚性连接

这种连接的优点是构造简单、省工省料，缺点是要求构件尺寸加工精确，且需高空施焊。为了克服如图 6-11(a)所示的缺点，可采用如图 6-11(b)所示的连接形式。这种形式在梁与柱连接前，先在柱身侧面梁上下翼缘连接位置处分别焊上、下两个支托，同时在梁端上翼缘及腹板处留出槽口。梁吊装就位后，梁腹板与柱身上支托竖板用安装螺栓相连定位，梁下翼缘与柱身下支托水平板用角焊缝相连。梁上翼缘与上支托水平板则用另一块短板通过角焊缝连接起来。梁端弯矩所形成的上、下拉压轴力由梁翼缘传给上、下支托水平板，再传给柱身。梁端剪力通过下支托传给柱身。这种连接比如图 6-11(a)所示构造稍微复杂一些，但安装时对中就位比较方便。

图 6-11(c)是对图 6-11(a)的一种改进。这种连接将梁在跨间内力较小处断开，靠近柱的一段梁在工厂制造时即焊在柱上形成一悬臂短梁段。安装时将跨间一段梁吊装就位后，用摩擦型高强度螺栓将它与悬臂短梁段连接起来。这种连接的优点是连接处内力小，所需螺栓数相应较少，安装时对中就位比较方便，同时不需高空施焊。

6.4.2 柱脚的设计计算

压弯构件所受的轴力 N、剪力 V 和弯矩 M 通过柱脚传至基础，所以柱脚的设计也是压弯柱设计中的一个重要环节。

柱脚分为刚接和铰接两种，铰接柱脚只传递轴心压力和剪力，刚接柱脚除传递轴心压力和剪力外还传递弯矩。

铰接柱脚的计算和构造与轴心受压柱的柱脚相同，此处不再论述。

刚接柱脚主要分为整体式柱脚和分离式柱脚。实腹式压弯构件和分肢间距较小的格构式压弯构件常常采用整体式柱脚，如图 6-12 和图 6-13 所示。对于分肢间距较大的格构式压弯构件，为了节省钢材，常采用分离式柱脚，如图 6-14 所示。每个分肢下的柱脚相当于一个轴心受力的铰接柱脚，同时各分肢柱脚底部宜设置缀材作为联系构件，以保证在运输和安装时一定的空间刚度。

柱脚通过锚栓与基础相连。在铰接柱脚中，沿同一条轴线设置两个连接于底板上的锚栓，以使柱端能够绕此轴转动；当柱端绕另一轴线转动时，由于锚栓与底板相连，底板抗弯刚度很小，这样在受拉锚栓作用下，底板会产生弯曲变形，锚栓对柱端转动约束作用不大。在施工时，底板上锚栓孔径应比锚栓直径大 1～2mm，锚栓规格不必计算，按构造要求设置即可。

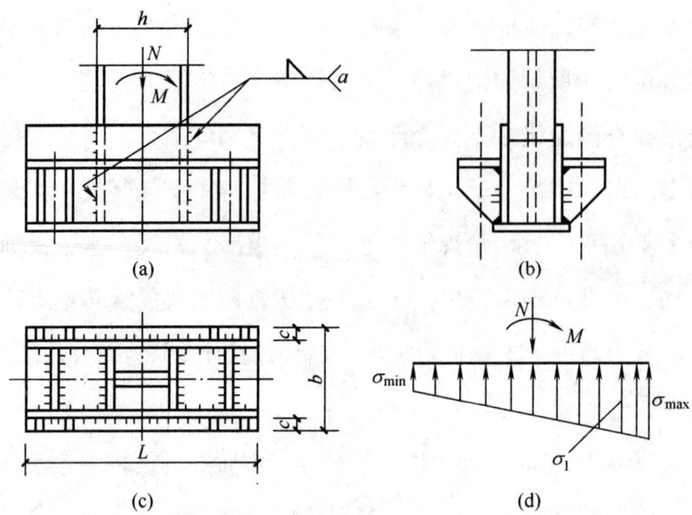

图 6-12　实腹柱的整体式刚接柱脚

在刚接柱脚中，由于柱脚要传递轴力、弯矩和剪力，在弯矩的作用下，底板范围内产生的拉力由锚栓承受，所以要通过计算来确定锚栓规格，以确保其不被拉断。为了保证柱与基础间刚性连接，锚栓不宜直接固定在底板上，应采用如图 6-12 和图 6-13 所示的结构，在靴梁两侧焊接两块间距较小的肋板，锚栓固定在肋板上面的水平板上。此外，为了便于安装，锚栓不宜穿过底板。下面简要介绍一下整体式刚接柱脚的计算。

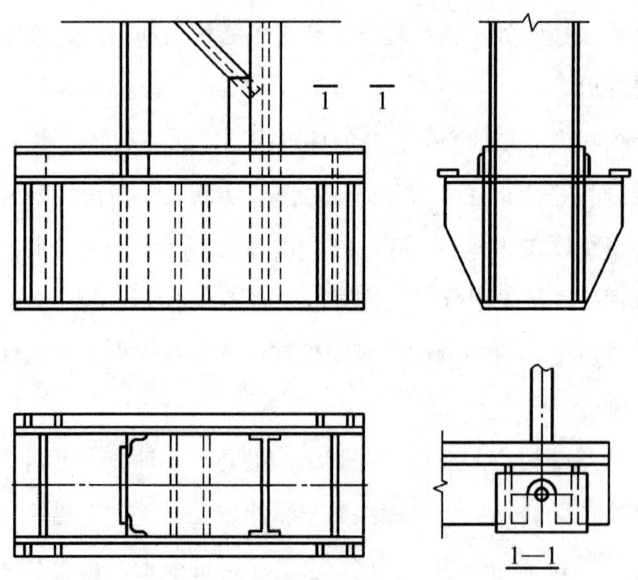

图 6-13　格构柱的整体式刚接柱脚

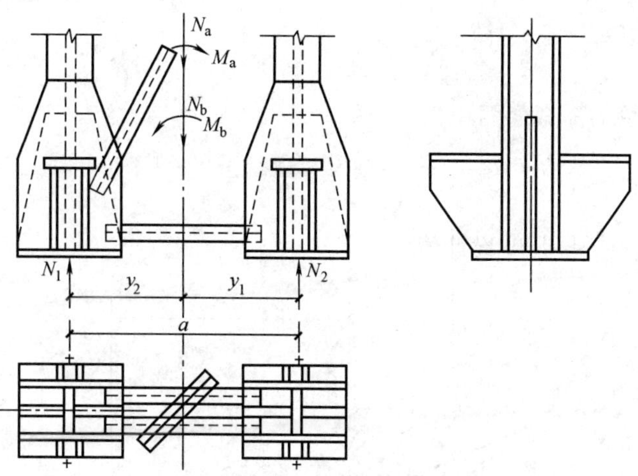

图 6-14 分离式柱脚

1. 底板的计算

底板宽度 b 根据构造要求确定，悬臂长度 c 取 20～30mm。底板承受轴心拉力及弯矩共同作用，因而压应力呈不均匀分布，如图 6-12(d)所示。底板的长度 L 由底板下基础的压应力不超过混凝土抗压强度设计值的要求来确定。

$$\sigma_{\max} = \frac{N}{bL} + \frac{6M}{bL^2} \leqslant f_c \tag{6-24}$$

式中：N、M——柱脚所承受的轴心压力和最不利弯矩；

f_c——混凝土抗压强度设计值。

这时另一侧产生的最小应力为：

$$\sigma_{\min} = \frac{N}{bL} - \frac{6M}{bL^2} \leqslant f_c \tag{6-25}$$

注意式(6-25)仅仅适用于 $\sigma_{\min}$ 为正时，即底板全部受压的情况。若 $\sigma_{\min}$ 为负(拉应力)，它应由锚栓来承担。

2. 锚栓的计算

锚栓承受拉应力时，按基础为弹性工作设计，如图 6-15 所示，根据 D 点的力矩平衡条件 $\sum M_D = 0$ 可得全部锚栓所受拉力 Z 为：

$$z = \frac{M - Na}{x} \tag{6-26}$$

式中：$a = \frac{L}{2} - \frac{c}{3}$；

$x = d - \frac{c}{3}$；

$$c=\frac{\sigma_{\max}}{\sigma_{\max}+|\sigma_{\max}|}L。$$

锚栓所需要的总的净截面面积为：

$$A_n=\frac{Z}{f_1^a} \tag{6-27}$$

式中：f_1^a——锚栓的抗拉强度设计值。

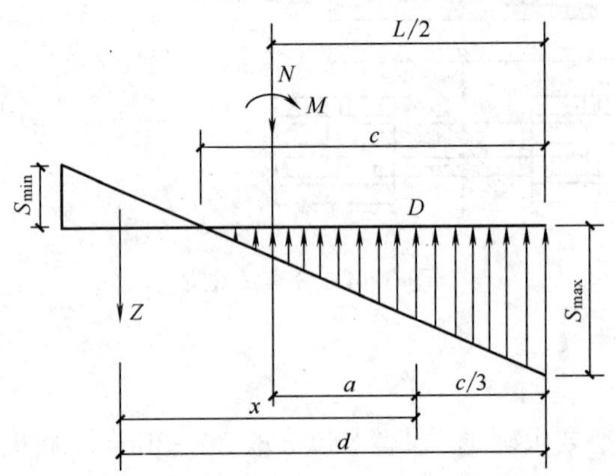

图 6-15　整体式刚接柱脚实用计算方法的应力分布图

由于底板的刚度较小，锚栓受拉的可靠性较低，故锚栓不宜直接连在底板上。一般支承在靴梁的肋板上，肋板上布置水平板和肋板，如图 6-11(b)所示。锚栓上端通过水平板和垫板把所受拉力 Z/2 传给两块肋板，再由肋板传递给靴梁。

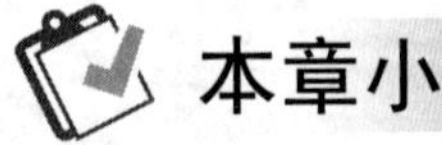

本章小结

本章主要阐述了拉弯和压弯构件的特点、拉弯和压弯构件截面强度计算、压弯构件稳定计算(主要有实腹式压弯构件在弯矩作用平面内的稳定性、弯矩绕虚轴作用的格构式压弯构件、弯矩绕实轴作用的格构式压弯构件、双向压弯圆管的整体稳定、双肢格构式压弯构件)、压弯构件的柱头和柱脚设计等相关知识。希望学生们通过本章的学习，为以后相关拉弯和压弯构件的学习和工作打下坚实的基础。

实训练习

一、单选题

1. 双肢格构式压弯构件的缀条按(　　)进行计算。

   A. 压弯构件的剪力

B. 压弯构件的剪力和格构式轴心受压构件的剪力 $A_f(f_y/235)^{0.5}/85$ 的较大值

C. 压弯构件的剪力和格构式轴心受压构件的剪力 $A_f(f_y/235)^{0.5}/85$ 的较小值

D. 格构式轴心受压构件的剪力 $A_f(f_y/235)^{0.5}/85$

2. 梁腹板的支撑加劲肋应设置在(　　)。

A. 剪应力最大的区段

B. 弯曲应力最大的区段

C. 上翼缘或下翼缘有固定集中荷载的作用部位

D. 吊车轮压所产生的局部压应力较大处

3. 配置加劲肋是提高梁腹板局部稳定的有效措施，当 $h_0/t_w>170(235/f_y)^{0.5}$ 时，下列说法正确的是(　　)。

A. 可能发生剪切失稳，应配置横向加劲肋

B. 可能发生弯曲失稳，应配置纵向加劲肋

C. 可能发生剪切失稳和弯曲失稳，应同时配置横向加劲肋和纵向加劲肋

D. 不致失稳，除支撑加劲肋外，不需配置横向加劲肋和纵向加劲肋

4. 简支钢屋架上弦有节间荷载作用时，上弦杆为(　　)。

A. 拉弯构件　　　　B. 轴心受压构件

C. 压弯构件　　　　D. 受弯构件

5. 普通轴心受压构件的承载力经常决定于(　　)。

A. 扭转屈曲　　　　B. 强度

C. 弯曲屈曲　　　　D. 弯扭屈曲

6. 双轴对称焊接工字形单向压弯构件，若弯矩作用在强轴平面内而使构件绕弱轴弯曲，则此构件可能出现的整体失稳形式是(　　)。

A. 平面内的弯曲屈曲

B. 扭转屈曲

C. 平面内的弯曲屈曲或平面外的弯扭屈曲

D. 平面外的弯扭屈曲

7. 在屋面重力荷载作用下，腹板垂直于屋面坡向设置的实腹式檩条为(　　)。

A. 双向变弯构件　　　　B. 双向压弯构件

C. 单向受弯构件　　　　D. 单向压弯构件

8. 发生弯扭屈曲的理想轴心受压构件截面形式为(　　)。

A. 双轴对称工字形截面　　B. 单角钢截面

C. H 形钢截面　　D. 箱形截面

9. 钢结构设计规范规定容许长细比可以大于 150 的受压构件为(　　)。

A. 实腹柱　　B. 格构柱的缀条

C. 桁架弦杆　　D. 屋架支撑杆件

10. 压弯构件工字形截面腹板的局部稳定与腹板边缘的应力梯度 $\alpha_0 = \frac{\sigma_{max} - \sigma_{min}}{\sigma_{max}}$ 有关，腹板稳定承载力最大时的 α_0 值是(　　)。

A. 0.0　　B.1.0　　C.1.6　　D.2.0

二、多选题

1. 压弯构件的破坏形式有(　　)。

A. 强度破坏　　B. 局部失稳破坏　　C. 局部断裂破坏

D. 剪力剖坏　　E. 压剪破坏

2. 柱脚连接的方式有(　　)。

A. 搭接　　B. 拼接　　C. 黏结

D. 刚接　　E. 铰接

3. 钢板接料必须在杆件组装前完成，盖、腹板接料长度和宽度不宜小于(　　)。

A. 1500mm　　B. 200mm　　C. 1400mm

D. 1600mm　　E. 300mm

4. 实腹式压弯构件常用截面是(　　)。

A. 工字形截面　　B. 箱形截面　　C. T 形截面

D. 梯形截面　　E. 十字形截面

5. 同时承受轴向力和弯矩的构件称为(　　)构件。

A. 拉弯　　B. 压弯　　C. 受压

D. 受剪　　E. 受弯

三、简答题

1. 拉弯构件和压弯构件以什么样的极限状态为设计依据？

2. 在计算实腹式压弯构件的强度和整体稳定时，在哪些情况下应取计算公式中的 $\gamma_x = 1.0$？

3. 拉弯构件和压弯构件采用什么样的截面形式比较合理？

4. 对于实腹式单轴对称截面的压弯构件，当弯矩作用在对称轴平面内且使较大翼缘受压时，其整体稳定性应如何计算？

5. 试比较工字形、箱形和T形截面的压弯构件与轴心受压构件的腹板高厚比限值计算公式各有哪些不同？

第6章答案.docx

实训工作单

班级		姓名		日期	
教学项目		拉弯和压弯构件			
学习项目	拉弯和压弯构件特点、拉弯和压弯构件的强度计算、压弯构件的稳定计算	学习要求		掌握拉弯和压弯构件的基本特点、熟悉拉弯和压弯构件的强度计算、了解压弯构件的稳定计算	
相关知识			压弯构件的破坏形式、压弯构件截面的受力状态、双向弯曲实腹式压弯构件的整体稳定		
其他内容			弯矩绕虚轴时的稳定计算、底板和锚栓的计算		
学习记录					
评语				指导老师	

第 7 章　轻型门式刚架结构

第 7 章　轻型门式刚架结构.pptx

【教学目标】

- 了解门式刚架结构的选型布置。
- 掌握各组成构件的基本特点与作用。
- 掌握门式刚架结构的荷载计算和内力组合以及刚架梁、柱、檩条和墙梁的计算方法。
- 掌握门式刚架结构的节点形式及计算方法。

【教学要求】

本章要点	掌握层次	相关知识点
结构选择与布置	了解结构形式、掌握建筑尺寸、熟悉结构平面布置	檩条和墙梁布置、支撑布置
荷载计算和内力组合	掌握荷载计算、熟悉荷载组合效应	内力计算、变形计算
刚架柱和梁设计	了解变截面刚架柱和梁的设计	等截面刚架柱和梁的设计
檩条和墙梁设计	掌握檩条设计的方法、熟悉墙梁设计	支承构件设计
焊接和节点设计	了解焊接的基本知识	节点设计

【案例导入】

轻型门式刚架由梁、柱构件组合而成，并配有轻型屋面和墙面系统，不仅构造简单、外形美观、质量轻，而且便于工业化制造和快速安装。我国近年来数以百万平方米计的轻工业厂房和公共建筑均采用了这种结构。

【问题导入】

翻阅资料，了解轻型门式刚架结构形式。

7.1 结构选择与布置

视频　轻型门式钢架.mp4

轻型门式刚架是对轻型房屋钢结构门式刚架的简称。近年来，它和平板网架一起在我国飞速发展，给钢结构注入了新的活力。它们不仅在轻工业厂房和公共建筑中得到非常广泛的应用，而且在一些中、小型的城市公共建筑，如超市、展览厅、停车场、加油站等也得到普遍应用。

轻型门式刚架的广泛应用，除其自身具有的优点外，还和近年来普遍采用轻型(钢)屋面和墙面系统——冷弯薄壁型钢的檩条和墙梁、彩涂压型钢板和轻质保温材料的屋面板和墙板，密不可分。它们完美的结合，构成了如图 7-1 所示的轻(型)钢结构系统。

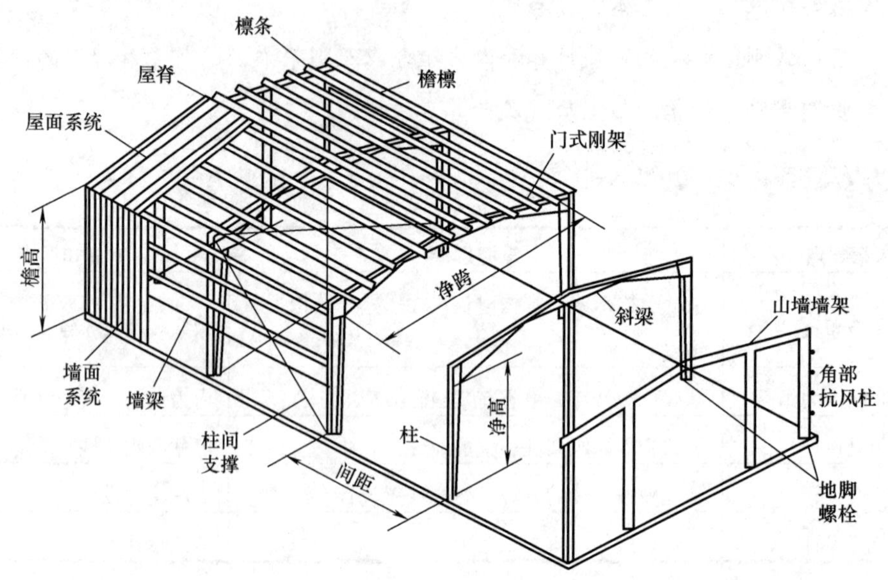

图 7-1　门式刚架——轻型房屋钢结构

轻钢结构系统代替传统的混凝土和热轧型钢制作的屋面板、檩条等，不仅可减少梁、柱和基础截面尺寸，整体结构质量减轻，而且式样美观，工业化程度高，施工速度快，经济效益显著。

门式钢架.docx

7.1.1 结构形式

视频　轻型门式钢架结构.mp4

门式刚架按跨度可分为单跨如图 7-2(a)所示、双跨如图 7-2(b)、图 7-2(e)、图 7-2(f)所示、多跨刚架如图 7-2(c)所示以及带挑檐的刚架形式如图 7-2(d)所示和带毗屋的刚架等形式。多跨刚架中间柱与刚架斜梁的连接可采用铰接。

多跨刚架宜采用双坡或单坡屋盖，如图 7-2(f)所示，必要时也可采用由多个双坡屋盖组成的多跨刚架形式。

根据跨度、高度及荷载不同，门式刚架的梁和柱可采用变截面或等截面的实腹焊接工字形截面或轧制 H 形截面。设有桥式吊车时，柱宜采用等截面形式。变截面形式通常改变腹板的高度，做成楔形，必要时也可改变腹板厚度。结构构件在运输单元内一般不改变翼缘截面，必要时可改变翼缘厚度，邻接的运输单元可采用不同的翼缘截面，两单元相邻截面高度宜相等。

柱脚可采用刚接或铰接形式，前者可节约钢材，但基础费用有所提高，加工和安装也较为复杂。当设有 5t 以上桥式吊车时，为提高厂房的抗侧移刚度，柱脚宜采用刚接形式。铰接柱脚通常为平板形式，需要设置一对或两对地脚锚栓。

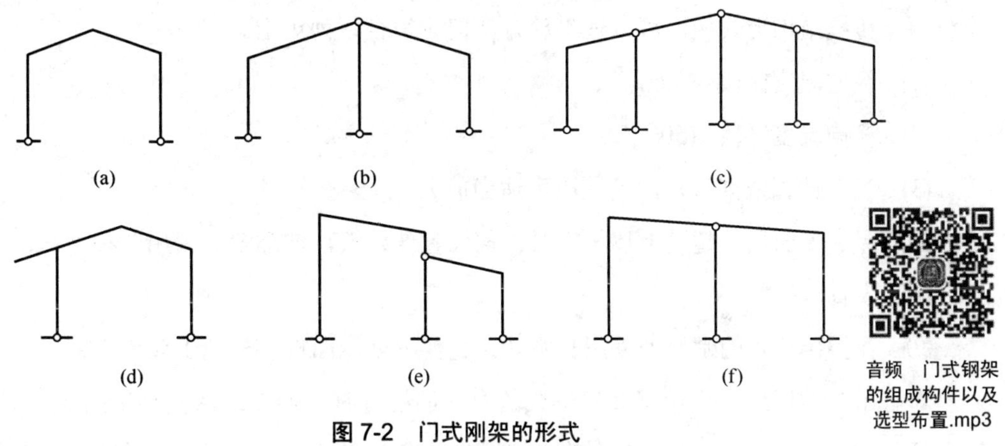

图 7-2 门式刚架的形式

维护结构由压型钢板和冷弯薄壁型钢檩条组成，外墙也可采用砌体或底部砌体、上部轻质材料的形式。

门式刚架可由多个梁和柱单元构件组成，柱一般为单独的单元构件，斜梁可根据运输条件划分为若干个单元。单元构件本身采用焊接，单元之间可通过端板用高强度螺栓连接。

门式刚架轻型房屋屋面坡度宜取 1/20～1/8，在雨水较多的地区宜取其中的较大值。单层门式刚架轻型房屋可采用隔热卷材制作屋盖隔热层和保温层，也可采用带隔热层的板材作为屋面。

7.1.2 建筑尺寸

门式刚架的跨度取横向刚架柱间的距离，跨度宜为 9～36m，宜以 3m 为模数，但也可不受模数限制。当边柱宽度不等时，其外侧应对齐。门式刚架的高度应取地坪柱轴线与斜

梁轴线交点的高度，宜取 4.5～9m，必要时可适当放大。门式刚架的高度应根据使用要求的室内净高确定，有吊车的厂房应根据轨顶标高和吊车净空的要求确定。柱的轴线可取柱下端(较小端)中心的竖向轴线，工业建筑边柱的定位轴线宜取柱外皮。斜梁的轴线可取通过变截面梁段最小端中心与斜梁上表面平行的轴线。

门式刚架的合理间距应综合考虑刚架跨度、荷载条件及使用要求等因素，一般宜取 6m、7.5m 或 9m。

挑檐长度可根据使用要求确定，宜为 0.5～1.2m，其上翼缘坡度取与刚架斜梁坡度相同。

7.1.3 结构平面布置

门式刚架轻型房屋的构件和围护结构，通常刚度不大，温度应力相对较小。因此其温度分区与传统结构形式相比可以适当放宽，但应符合下列规定。

(1) 纵向温度区段<300m。

(2) 横向温度区段<150m。

(3) 当有计算依据时，温度区段可适当放大。

当房屋的平面尺寸超过上述规定时，需设置伸缩缝，伸缩缝可采用两种做法。

① 设置双柱。

② 在搭接檩条的螺栓处采用长圆孔，并使该处屋面板在构造上允许涨缩。

对有吊车的厂房，当设置双柱形式的纵向伸缩缝时，伸缩缝两侧刚架的横向定位轴线可加插入距，如图 7-3 所示。在多跨刚架局部抽掉中柱或边柱处，可布置托架或托梁。

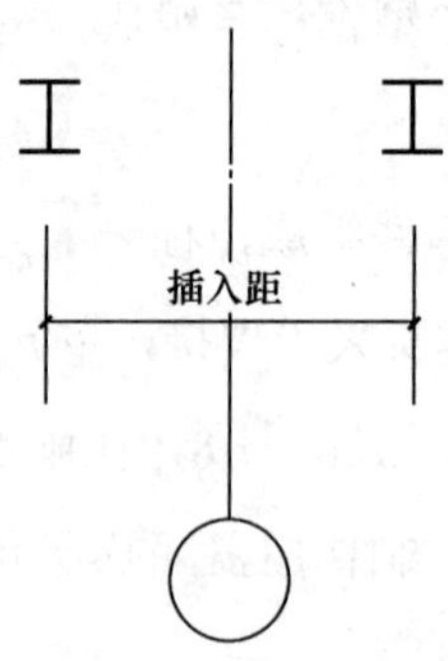

图 7-3 柱的插入距

【案例 7-1】轻型门式刚架房屋结构在我国的应用大约始于 20 世纪 80 年代初期。近年来得到迅速的发展，目前国内每年有上千万平方米的轻钢建筑工程，主要用于轻型的厂房、仓库、体育馆、展览厅及活动房屋、加层建筑等。

请结合上文分析轻型门式刚架结构常见的结构形式及结构平面布置。

7.1.4 檩条和墙梁布置

屋面檩条一般应等间距布置。但在屋脊处，应沿屋脊两侧各布置一道檩条，使得屋面板的外伸宽度不要太长(一般小于 200mm)，在天沟附近应布置一道檩条，以便于天沟的固定。确定檩条间距时，应综合考虑天窗、通风屋脊、采光带、屋面材料和檩条规格等因素按计算确定。

屋面檩条.docx

侧墙墙梁的布置，应考虑设置门窗、挑檐、遮雨篷等构件和围护材料的要求。当采用压型钢板做围护面时，墙梁宜布置在刚架柱的外侧，其间距由墙板板型和规格确定，且不大于由计算确定的数值。外墙除可以采用轻型钢板墙外，在抗震设防烈度不高于 6 度时，还可采用砌体；当为 7 度或 8 度时，还可采用非嵌砌砌体；9 度时还可采用与柱柔性连接的轻质墙板。

7.1.5 支撑布置

在每个温度区段或者分期建设的区段中，应分别设置能独立构成空间稳定结构的支撑体系。在设置柱间支撑的开间应同时设置屋盖横向支撑以组成几何不变体系。

柱间支撑的间距应根据房屋纵向柱距、受力情况及安装条件确定。当无吊车时宜设在温度区段端部，间距可取 30～45m；当有吊车时宜设在温度区段的中部，或当温度区段较长时设置在三分点处，间距不大于 60m。当房屋高度较大时，柱间支撑应分层设置。

屋盖支撑宜设在温度区段端部的第一个或第二个开间。当设在第二个开间时，在第一开间的相应位置宜设置刚性系杆。在刚架转折处(如柱顶和屋脊)应沿房屋全长设置刚性系杆。

由支撑斜杆等组成的水平桁架，其直腹杆宜按刚性系杆考虑，可由檩条兼作，此时应满足对压弯构件刚度和承载力的要求。当不满足时，可在刚架斜梁间加设钢管、H 形钢或其他形状截面的杆件。

门式刚架轻型房屋钢结构的支撑，宜采用带张紧装置的十字交叉圆钢组成，圆钢与构件的夹角宜接近 45°，应在 30°～60° 范围内。当设有不小于 5t 的桥式吊车时，柱间支撑宜采用型钢形式。当房屋中不允许设置柱间支撑时，应设置纵向刚架。

7.2　荷载计算和内力组合

7.2.1　荷载计算

设计门式刚架结构所涉及的荷载，包括永久荷载和可变荷载，一律按现行国家标准《建筑结构荷载规范》(GB 50009—2012)(以下简称《荷载规范》)采用。

1. 永久荷载

音频　荷载计算分类以及荷载组合效应计算方法.mp3

永久荷载包括结构构件的自重和悬挂在结构上的非结构构件的重力荷载，如屋面、檩条、支撑、吊顶、墙面构件和刚架自身等。

2. 可变荷载

1)　屋面活荷载

当采用压型钢板轻型屋面时，屋面竖向均布活荷载的标准值(按水平投影面积计算)应取 0.5kN/m^2；对受荷水平投影面积超过 60m^2 的刚架结构，计算时采用的竖向均布活荷载标准值可取 0.3kN/m^2。设计屋面板和檩条时应考虑施工和检修集中荷载(人和小工具的重力)，其标准值为 1kN/m^2。

2)　屋面雪荷载和积灰荷载

屋面雪荷载和积灰荷载的标准值应按《荷载规范》的规定采用，设计屋面板和檩条时应考虑在屋面天沟、阴角、天窗挡风板内和高低跨连接处等的荷载增大系数或不均匀分布系数。

3)　吊车荷载

吊车荷载包括竖向荷载和纵向及横向水平荷载，按照《荷载规范》的规定采用。

4)　地震作用

地震作用按现行国家标准《建筑抗震设计规范》(GB 50011—2010)的规定计算。

5)　风荷载

垂直于建筑物表面的风荷载可按式(7-1)计算。

$$w_{\text{k}} = 1.05\mu_{\text{s}}\mu_z w_0 \tag{7-1}$$

式中：w_{k}——风荷载标准值，kN/m^2；

w_0——基本风压(kN/m^2)，按照《荷载规范》的规定采用；

μ_z——风荷载高度变化系数，按照《荷载规范》的规定采用，当高度小于 10m 时，应按 10m 高度处的数值采用；

μ_s——风荷载体型系数。

刚架的风荷载体型系数 μ_s 按照表7-1及图7-4的规定采用。此表适用于双坡及单坡刚架，其屋面坡度不大于 10°，屋面平均高度不大于 18m，檐口高度不大于屋面的最小水平尺寸。

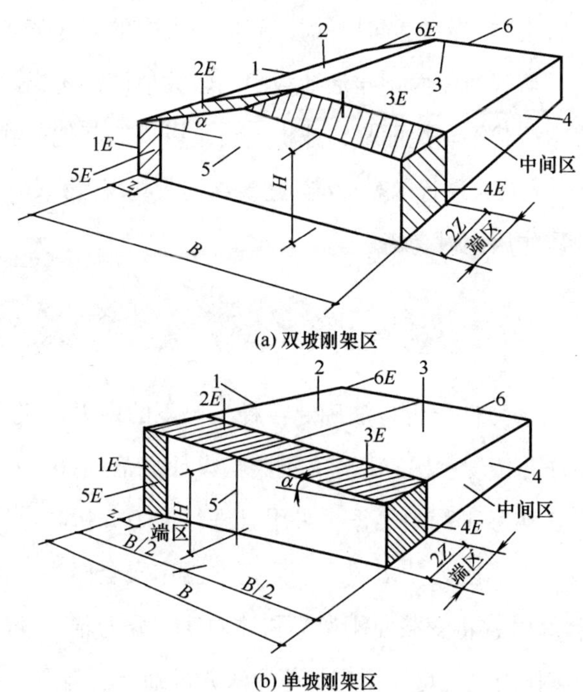

图 7-4 刚架的风荷载体型系数分区

α —屋面与水平面的夹角；B—建筑宽度；H—屋顶至地面的平均高度，可近似取檐口高度；Z—计算围护结构构件时的房屋边缘带宽度，取建筑最小水平尺寸的 10%或 0.4H 中之较小值，但不得小于建筑最小水平尺寸的 4%或 lm；计算刚架时的房屋端区宽度取 Z(横向)和 2Z(纵向)

表 7-1 刚架的风荷载体形系数

建筑类型	分区											
	端区						中间区					
	1*E*	2*E*	3*E*	4*E*	5*E*	6*E*	1	2	3	4	5	6
封闭式	−0.50	−1.40	−0.80	−0.70	+0.90	−0.30	+0.25	−1.00	−0.65	−0.55	+0.65	−0.15
部分封闭式	−0.10	−1.80	−1.20	−1.10	+1.00	−0.20	−0.15	−1.40	−1.05	−0.395	+0.75	−0.05

说明：①表中正号(压力)表示风力由外朝向表面；负号(吸力)表示风力自表面向外离开。

②屋面以上的周边伸出部位，对 1 区和 5 区可取+1.3，对 4 区和 6 区可取−1.3，这些系数包括了迎风面和背风面的影响。

③当端部柱距不小于端区宽度时，端区风荷载超过中间区的部分，宜直接由端刚架承受。

④单坡屋面的风荷载体型系数，可按双坡屋面的两个半边处理，如图 7-4 所示。

7.2.2 荷载组合效应

荷载效应的组合一般应遵从下列组合原则。

(1) 屋面均布活荷载不与雪荷载同时考虑，应取两者中的较大值。

(2) 积灰荷载应与雪荷载或屋面均布活荷载中的较大值同时考虑。

(3) 施工或检修集中荷载不与屋面材料或檩条自重以外的其他荷载同时考虑。

(4) 多台吊车的组合应符合现行国家标准《建筑结构荷载规范》(GB 5009—2012)的规定。

(5) 风荷载不与地震作用同时考虑。

7.2.3 内力计算

变截面门式刚架应采用弹性分析方法确定各种工况下的内力，仅构件全部为等截面时才允许采用塑性分析方法并按现行国家标准《钢结构设计规范》(GB 50017—2017)的规定进行设计。但后一种情况在实际工程中已很少采用。进行内力分析时，通常取单榀刚架按平面结构分析内力，一般不考虑应力蒙皮效应，而把它当作安全储备。计算内力时可采用有限元法(直接刚度法)。计算时宜将变截面刚架梁和柱构件划分为若干段，每段可视为等截面，也可采用楔形单元。地震作用效应可采用底部剪力法分析确定。当需要手算校核时，可采用一般结构力学的方法(如力法、位移法和弯矩分配法等)或利用静力计算的公式和图表进行。

刚架的最不利内力组合应按梁和柱控制截面分别进行，一般可选柱底、柱顶、柱牛腿以及梁端和梁跨中截面等处进行组合并进行截面验算。

计算刚架控制截面的内力组合时一般应计算以下 4 种组合。

(1) N_{max}、M_{max}(即正弯矩最大)及相应 V。

(2) N_{max}、M_{min}(即负弯矩最大)及相应 V。

(3) N_{min}、M_{max} 及相应 V。

(4) N_{min}、M_{min} 及相应 V。

7.2.4 变形计算

门式刚架结构的侧移应采用弹性分析方法确定，计算时荷载取标准值，不考虑荷载分项系数。侧移可以用有限元法计算，也可以按《荷载规范》的简化计算公式计算。在风荷载标准值作用下的刚架柱顶位移不应超过下列限值。

(1) 不设吊车。采用轻型钢板墙时为 $h/60$，采用砌体墙时为 $h/100$，h 为柱高。

(2) 设有桥式吊车。吊车有驾驶室时为$h/400$，吊车由地面操作时为$h/180$。

门式刚架斜梁的竖向挠度，当仅支承压型钢板屋面和冷弯型钢檩条(承受活荷载或雪荷载)时为$L/180$，尚有吊顶时为$L/240$，有悬挂起重机时为$L/400$。L为构件跨度，对于悬臂梁，按悬伸长度的两倍计算。

目前，国内外已经开发了多套门式刚架结构设计商业软件，如STAAD、STS和3D3S等，这些软件可完成结构的计算设计工作，并可绘制部分施工图以供参考。

【案例7-2】建筑物为一生产车间，结构形式为轻型钢结构，建设地点在上海，抗震等级为三级，设防烈度为7度。建筑长为100.32m(1×9.66+9×9+1×9.66)；建筑宽为72.88m(1×24.44+1+24+1+24.44)；建筑檐高为10.7m(单屋脊双坡)；屋面坡度为5%。墙面1.2m以下为砖墙，1.2m以上采用建筑板加保温棉加内墙面板。三跨分别有起重量为5t的地面操作的中级工作制吊车，轨顶标高8m。

结合上文试对该工程吊车梁进行设计并分析。

7.3 刚架柱和梁设计

7.3.1 变截面刚架柱和梁的设计

1. 板件最大宽厚比和屈曲后强度利用的规定

(1) 工字形截面构件受压翼缘自由外伸宽度b与其厚度t之比：$b/t \leqslant 15\sqrt{235/f_y}$。

(2) 工字形截面梁和柱构件腹板计算的高度h_0与其厚度t_w之比：$h_0/t_w \leqslant 250\sqrt{235/f_y}$。

(3) 工字形截面构件腹板的受剪板幅，当腹板高度变化不超过60mm/m时，可考虑屈曲后强度，其抗剪承载力设计值：

$$V_d = h_w \cdot t_w \cdot f_v' \tag{7-2}$$

式中：h_w——腹板高度，对楔形腹板取板幅平均高度；

f_v'——腹板屈曲后抗剪强度设计值，它可表达成钢材抗剪强度设计值f_v和与板件受剪有关的参数λ_w的二元函数，它们的一系列计算式详见《荷载规范》。

(4) 当利用腹板屈曲后抗剪强度时，横向加劲肋间距a宜在h_w～$2h_w$。

(5) 工字形截面构件腹板受弯及受压板幅利用屈曲后强度时，应按有效宽度计算截面特性。

(6) 当截面全部受压时，有效宽度$h_e=\rho h_w$。

(7) 当截面部分受拉时，受拉区全部有效，受压区有效宽度

$$h_e=\rho h_c$$

式中：h_c——腹板受压区宽度；

ρ——有效宽度系数，其一系列表达式详见《荷载规范》。

2. 刚架构件的强度计算和加劲肋设置规定

工字形截面受弯构件在剪力 V 和弯矩 M 共同作用下的强度，应符合：

当 $V \leqslant 0.5V_d$ 时：

$$M \leqslant M_e \tag{7-3}$$

当 $0.5V_d < V \leqslant V_d$ 时：

$$M \leqslant M_f + (M_e - M_f)\left[1-\left(\frac{V}{0.5V_d}-1\right)\right] \tag{7-4}$$

式中：M_f——两翼缘所承担的弯矩，对于双轴对称截面：$M_f = A_f\left(h_w + t\right)f$；

M_e——构件有效截面所承担的弯矩，$M_e = W_e f$；

W_e——构件有效截面最大受压纤维的截面模量；

A_f——构件翼缘截面面积；

V_d——腹板抗剪承载力设计值，按 $V_d = h_w t_w f_v'$。

工字形截面压弯构件在剪力 V、弯矩 M 和轴压力 N 共同作用下的强度，应符合：

当 $V \leqslant 0.5V_d$ 时：

$$M \leqslant M_e^N = M_e - N \cdot W_e / A_e \tag{7-5}$$

当 $0.5V_d < V \leqslant V_d$ 时：

$$M \leqslant M_f^N + \left(M_e^N - M_f^N\right)\left[1-\left(\frac{V}{0.5V_d}-1\right)^2\right] \tag{7-6}$$

式中：M_f^N——兼承受压力 N 时两翼缘所能承受的弯矩，当为双轴对称截面：

$$M_f^N = A_f\left(h_w + t\right)\left(f - N / A\right);$$

A_e——有效截面面积。

梁腹板应在与中柱连接处、较大集中荷载作用处和翼缘转折处设置横向加劲肋。中间加劲肋的设置应满足前面的相关要求。

梁腹板利用屈曲后强度时，其中间加劲肋除承受集中荷载和翼缘转折产生的压力外，还应承受拉力场产生的压力。该拉力场产生的压力 $N_s = V - 0.9h_w t_w \tau_{cr}$，式中 τ_{cr} 是利用拉力场时腹板的屈曲剪应力，它是参数 λ_w 的二元函数，详见《荷载规范》。

当验算加劲肋稳定性时，其截面应包括每侧 $15\sqrt{235 / f_y}$ 宽度范围内的腹板面积，计算长度取 h_w。

3. 变截面柱在刚架平面内的稳定计算

$$\frac{N_1}{\eta_t \phi_x A_{e1}}+\frac{\beta_{mx} M_1}{(1-N_1/N_{cr})W_{e1}}\leqslant f \tag{7-7}$$

$$N_{cr}=\pi^2 EA_{e1}/\lambda_1^2 \tag{7-8}$$

当 $\overline{\lambda}_1 \geqslant 1.2$时，$\eta_t=1$，当$\overline{\lambda}_1<1.2$时：

$$\eta_t=\frac{A_0}{A_1}+\left(1-\frac{A_0}{A_1}\right)\times\frac{\overline{\lambda}_1^2}{1.44} \tag{7-9}$$

$$\lambda_1=\frac{\mu H}{i_{x1}} \tag{7-10}$$

$$\overline{\lambda}_1=\frac{\lambda_1}{\pi}\sqrt{\frac{E}{f_y}} \tag{7-11}$$

式中：N_1——大端的轴向压力设计值(N)；

M_1——大端的弯矩设计值(N·mm)；

A_{e1}——大端的有效截面面积(mm^2)；

W_{e1}——大端有效截面最大受压纤维的截面模量(mm^3)；

ϕ_x——杆件轴心受压稳定系数；

β_{mx}——等效弯矩系数，有侧移刚架柱的等效弯矩系数 β_{mx} 取 1.0。

N_{cr}——欧拉临界力(N)；

λ_1——按大端截面计算的，考虑计算长度系数的长细比；

$\overline{\lambda}_1$——通用长细比；

i_{x1}——大端截面绕强轴的回转半径(mm)；

μ——柱计算长度系数；

H——柱高(mm)；

A_0、A_1——小端和大端截面的毛截面面积(mm^2)；

E——柱钢材的弹性模量(N/mm^2)；

f_y——柱钢材的屈服强度值(N/mm^2)。

注：当柱的最大弯矩不出现在大端时，M_1 和 W_{e1} 分别取最大弯矩和该弯矩所在截面的有效截面模量。

4. 变截面柱在刚架平面外的稳定计算

$$\frac{N_0}{\varphi_y A_{e0}}+\frac{\beta_t M_1}{\varphi_{by} W_{e1}}\leqslant f \tag{7-12}$$

式中：φ_y——轴心受压构件弯矩作用平面外稳定系数，可查表得，计算长度取侧向支撑点间距离，长细比以小头为准；

φ_{by}——均匀弯曲楔形受弯构件整体稳定系数，详见《荷载规范》；

N_0——小头的轴向压力设计值；

M_1——大头的弯矩设计值；

β_t——等效弯矩系数，对于一端弯矩为零的区段：$\beta_t = 1 - N / N_{Ex}^0 + 0.75(N / N_{Ex}^0)^2$；

两端弯曲应力基本相等的区段：β_t=1.0；

N_{Ex}^0——计算长细比 λ 时，回转半径 i_0 以小头为准的欧拉临界力；

A_{e0}——小头的有效截面面积。

5. 变截面柱下端铰接时的规定

变截面柱下端铰接时，应验算柱端的抗剪承载力。如不满足要求，应加强该处腹板。

6. 斜梁和隅撑设计规定

(1) 实腹式刚架斜梁在平面内和平面外均应按压弯构件计算强度及稳定。当屋面坡度很小($\alpha \leqslant 100$)时，在刚架平面内可仅按压弯构件计算其强度。

变截面实腹式刚架斜梁的平面内计算长度可取竖向支撑点间的距离。

(2) 实腹式刚架斜梁的平面外计算长度，应取侧向支撑点间的距离；当斜梁两翼缘侧向支撑点间的距离不等时，应取最大受压翼缘侧向支撑点间的距离。

(3) 当实腹式刚架斜梁的下翼缘受压时，必须在受压翼缘两侧布置隅撑作为斜梁的侧向支撑，隅撑的另一端连接在檩条上。隅撑应按轴心受压构件设计，轴压力 N 按式(7-13)计算。

$$N = \frac{Af}{85\cos\theta}\sqrt{\frac{f_y}{235}} \tag{7-13}$$

式中：A——实腹斜梁被支撑翼缘的截面面积(m^2)；

θ——隅撑与檩条轴线的夹角(°)；

f_y——实腹斜梁钢材的屈服强度。

当隅撑成对布置时，每根隅撑的计算轴压力可取式(7-9)计算值的一半。

(4) 当斜梁上翼缘承受集中荷载处不设横向加劲肋时，除应按第 4 章的有关公式验算腹板上边缘正应力、剪应力和局部压应力共同作用时的折算应力外，还要按《荷载规范》作有关补充验算。

斜梁不需计算整体稳定的侧向支撑点间最大长度，可取斜梁下翼缘宽度的$16\sqrt{235/f_y}$。

7.3.2 等截面刚架柱和梁的设计

等截面刚架按弹性设计时，其构件可按上述变截面刚架构件计算的规定进行计算。

等截面刚架按塑性设计时，其构件应按现行国家标准《钢结构设计规范》(GB 50017—2017)中有关塑性设计的规定进行设计。

7.4 檩条和墙梁设计

视频　檩条.mp4

7.4.1 檩条设计

檩条宜优先采用实腹式构件，跨度大于9m时宜采用格构式构件并应验算其下翼缘的稳定性。实腹式檩条宜采用卷边槽形和带斜卷边的Z形冷弯薄壁型钢，也可以采用直卷边的Z形冷弯薄壁型钢。格构式檩条可采用平面桁架式或空间桁架式。檩条一般设计成单跨简支构件，实腹式檩条尚可设计成连续构件。

当屋面坡度大于1/10、檩条跨度大于4m时，宜在檩条间跨中位置设置拉条。跨度大于6m时，在檩条跨度三分点处各设一道拉条，在屋脊处还应设置斜拉条和撑杆。当屋面材料为压型钢板，屋面刚度较大且与檩条有可靠连接时，可少设或不设拉条。

作用在檩条上的荷载以及荷载效应组合，对于门式刚架轻型房屋钢结构有其自身的特点，与现行国家标准《荷载规范》并不完全相同。设计计算时应予充分重视并按照《荷载规范》有关规定执行。

音频　檩条、墙梁以及支撑构件设计方法.mp3

在屋面能阻止檩条侧向失稳和扭转的情况下，可仅按式(7-14)计算檩条在风正压力下的强度；当屋面不能阻止檩条侧向失稳和扭转情况下，应按式(7-15)计算檩条在风正压力作用下的稳定性。

$$\frac{M_x}{W_{enx}}+\frac{M_y}{W_{eny}}\leqslant f \tag{7-14}$$

$$\frac{M_x}{\varphi_{tx}W_{ey}}+\frac{M_y}{W_{ey}}\leqslant f \tag{7-15}$$

式中：M_x、M_y——对截面主轴x和主轴y的弯矩；

W_{enx}、W_{eny}——对主轴x和主轴y的有效净截面模量(对冷弯薄壁型钢)或净截面模量(对热轧型钢)；

W_{ex}、W_{ey}——对主轴x和主轴y的有效截面模量(对冷弯薄壁型钢)或毛截面模量(对热

轧型钢)；

φ_{bx}——梁的整体稳定系数，根据不同情况按现行国家标准《冷弯薄壁型钢结构技术规范》(GB 50018—2002)或《钢结构设计规范》(GB 50017—2017)的规定采用。

当屋面能阻止檩条上翼缘侧向失稳和扭转时，可按式(7-15)计算在风吸力作用下檩条的稳定性，或设置拉杆、撑杆防止下翼缘扭转，也可以按《荷载规范》附录 E 的规定计算。

计算檩条时，不应考虑隅撑的影响。

7.4.2 墙梁设计

轻型墙体结构的墙梁宜采用卷边槽形或 Z 形的冷弯薄壁型钢。

墙梁可设计成简支或连续构件，两端支撑在刚架柱上。当墙梁有一定竖向承载力且墙板落地及与墙板间有可靠连接时，可不设中间柱，并可不考虑自重引起的弯矩和剪力。设有条形窗或房屋较高且墙梁跨度较大时，墙架柱的数量应由计算确定。当墙梁需承受墙板及自重时，应考虑双向弯曲。

当墙梁跨度 l 为 4～6m 时，宜在跨中设一道拉条，当跨度 l>6m 时，宜在跨间三分点处各设一道拉条，在最上层墙梁处宜设斜拉条将拉力传至承重柱或墙架柱。

单侧挂墙板的墙梁，应计算其强度和稳定。

承受朝向面板的风压时，墙梁的强度按《荷载规范》规定的系列公式验算。

在风吸力作用下，外侧设有压型钢板的墙梁的稳定性按《荷载规范》附录 E 的规定计算。

当外侧设有压型钢板的实腹式刚架柱的内翼缘受压时，可沿内侧翼缘设置成对的隅撑，作为柱的侧向支承，隅撑的另一端连接在墙梁上。隅撑所受轴压力按式(7-9)计算。

7.4.3 支撑构件设计

门式刚架轻型房屋钢结构中的交叉支撑和柔性系杆可按拉杆设计。

刚架斜梁上横向水平支撑的内力，应根据纵向风荷载按支撑于柱顶的水平桁架计算，并计入支撑对斜梁起减小计算长度作用而应承受的力。对交叉支撑可不计压杆的受力。

刚架柱间支撑的内力，应根据该柱列所受纵向风荷载(有吊车时还应计入吊车纵向制动力)按支撑于柱脚基础上的竖向悬臂桁架计算，并计入支撑对柱起减小计算长度作用而应承受的力。对交叉支撑也可不计压杆的受力。当同一柱列设有多道纵向柱间支撑时，纵向力在支撑间可按均匀分布考虑。

支撑构件受拉或受压的计算，应遵循现行国家标准《钢结构设计规范》(GB 50017—2017)或《冷弯薄壁型钢结构技术规范》(GB 50018—2002)中关于轴心受拉或轴心受压构件的规定。

墙板应根据所受荷载计算其强度和变形。压型钢板应采用预涂层彩色钢板制作。一般建筑屋面或墙面宜采用长尺压型钢板，其厚度宜为 0.4～1.0mm。压型钢板的计算和构造，应符合现行国家标准《冷弯薄壁型钢结构技术规范》的规定。其他墙板应按有关标准的规定计算。

屋面天沟和落水管的断面，应按有关规定计算确定。

7.5 焊接和节点设计

视频 焊接.mp4

7.5.1 焊接

当被连接板的最小厚度大于 4mm 时，其对接焊缝、角焊缝和部分熔透对接焊缝的强度，应分别按现行国家标准《钢结构设计规范》的规定计算。当最小厚度不大于 4mm 时，正面角焊缝的强度增大系数 β_f 取 1.0。

腹板厚度不大于 4mm 的 T 形连接，可采用双面断续角焊缝、高频焊接或其他可靠方法。

腹板.docx

当连接板的最小厚度不大于 4mm 时，喇叭形焊缝的抗剪强度按式(7-16)计算：

$$\tau = \frac{N}{tl_{\mathrm{w}}} \leqslant \gamma \cdot f \tag{7-16}$$

式中：N——通过焊缝形心的轴心拉力或轴心压力；

t——被连接板件的最小厚度；

l_{w}——焊缝的有效长度；

f、γ——被连接板件钢材抗拉强度设计值及折算系数，N 作用线垂直于焊缝轴线方向时，取 γ=0.8；N 作用线平行于焊缝轴线方向时，取 γ=0.7。

当连接板的最小厚度大于 4mm 时，单边喇叭形焊缝的抗剪强度按下式计算：

$$\tau = \frac{N}{0.7h_{\mathrm{f}}l_{\mathrm{w}}} \leqslant f_f^{\mathrm{w}} \tag{7-17}$$

式中：h_{f}——焊缝的焊角尺寸，如图 7-5 和图 7-6 所示；

$f_{\mathrm{f}}^{\mathrm{w}}$——角焊缝抗剪强度设计值。

单边喇叭形焊缝的焊角尺寸 h_{f} 不得小于被连接板件的厚度。在组合结构中，组合件的

喇叭形焊缝可采用断续焊缝，但其长度不得小于 8t 和 40mm，断续焊缝间的净距不得大于 15t(受压构件)或 30t(受拉构件)，为焊件的最小厚度。

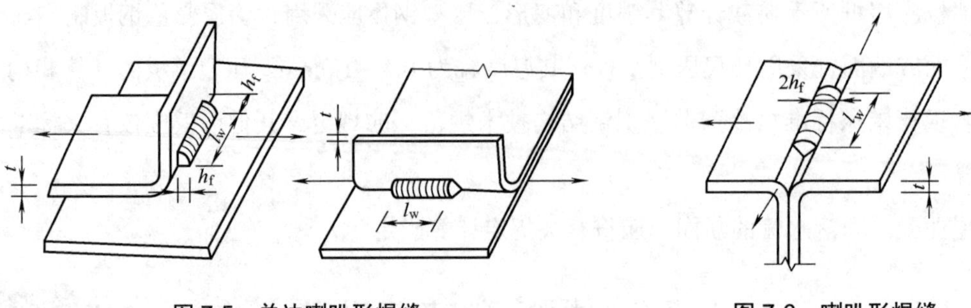

图 7-5　单边喇叭形焊缝　　　　图 7-6　喇叭形焊缝

7.5.2 节点设计

门式刚架斜梁与柱的连接有三种形式：端板竖放，如图 7-7(a)所示；端板平放，如图 7-7(b)所示；端板斜放，如图 7-7(c)所示。斜梁拼接时宜使端板与构件边缘垂直，如图 7-7(d)所示。

斜梁拼接如图 7-7(d)所示，应按所受最大内力设计。当内力较小时，应按能承受不小于较小被连接截面承载力的一半设计。主刚架构件的连接应采用高强度螺栓，吊车梁与制动梁的连接宜采用摩擦型高强度螺栓，通常选用 M16～M24。吊车梁与刚架连接处宜设长圆孔。檩条与刚架斜梁以及墙梁与柱的连接宜采用 M12 普通螺栓。

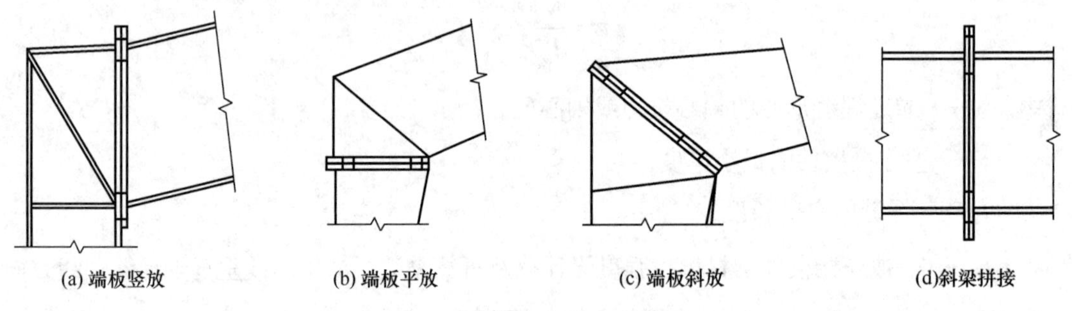

(a) 端板竖放　(b) 端板平放　(c) 端板斜放　(d)斜梁拼接

图 7-7　刚架斜梁与柱的连接

端板连接的螺栓应成对地对称布置，在受拉翼缘和受压翼缘的内外两侧均应设置并使每个翼缘的螺栓群中心与翼缘的中心重合或接近。螺栓中心至翼缘板表面的距离应满足拧紧螺栓时的施工要求，不宜小于 35mm。螺栓端距不应小于 2 倍螺栓孔径。门式刚架受压翼缘的螺栓不宜少于两排。当受拉翼缘两侧各设一排螺栓尚不能满足承载力要求时，可在翼缘内侧增设螺栓，如图 7-8 所示，其间距可取 75mm，且不小于 3 倍孔径。与斜梁端板连接

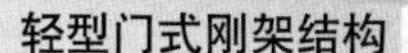

的柱翼缘部分应与端板等厚度。当端板上两对螺栓间的最大距离大于 400mm 时，应在端板的中部增设一对螺栓。

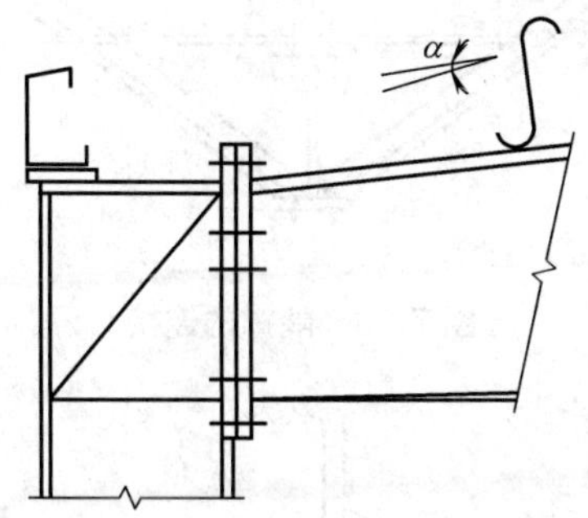

图 7-8　端板竖放的螺栓连接

同时受拉和受剪的螺栓，应验算螺栓在拉和剪共同作用下的强度。

端板的厚度 t 应根据支承条件计算(方法见《荷载规范》)，但不宜小于 12mm。刚架斜梁与柱相交的节点域，按《荷载规范》的公式验算剪应力不满足要求时，应加厚腹板或设置斜加劲肋。刚架构件的翼缘和腹板与端板的螺栓连接处，构件腹板强度不满足《荷载规范》公式计算值时，可设置腹板加劲肋或局部加厚腹板。

带斜卷边 Z 形檩条的搭接长度 $2a$ 及其连接螺栓直径，应根据连续梁中间支座处的弯矩值确定，如图 7-9 所示。

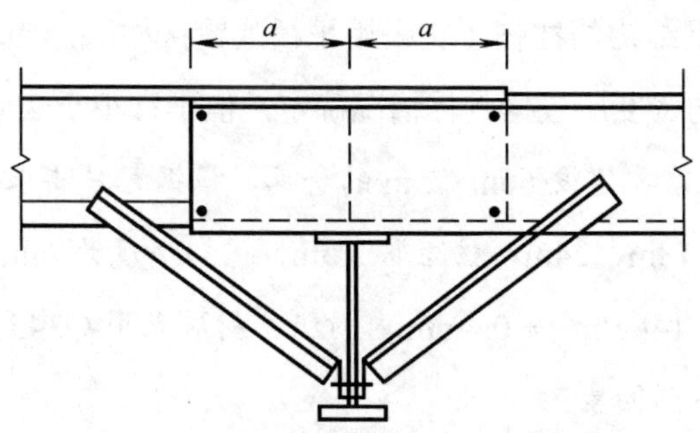

图 7-9　斜卷边檩条的搭接

隅撑宜采用单角钢制作。可连接在刚架下(内)翼缘附近的腹板上，如图 7-9 所示，也可连于下(内)翼缘上，如图 7-10 所示。通常以单个螺栓连接，计算时应考虑承载力折减系数。

圆钢支撑与刚架构件的连接，一般不设连接板，可直接在刚架构件腹板上靠外侧设孔连接，如图 7-11 所示。

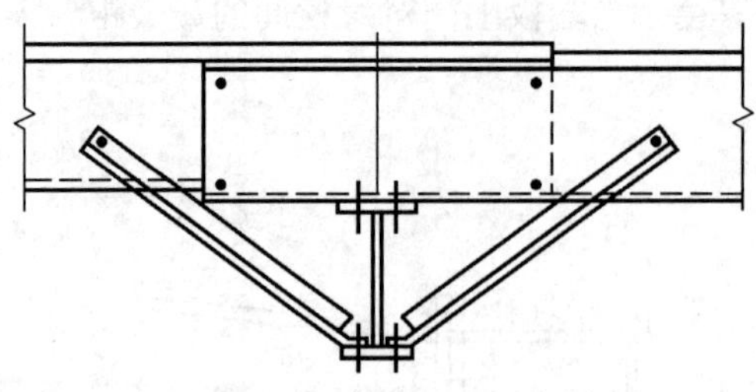

图 7-10　隅撑的连接

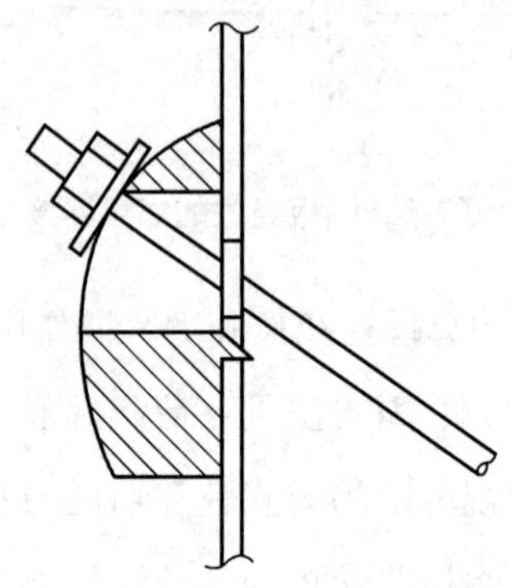

图 7-11　圆钢支撑与刚架构件的连接

屋面板之间的连接及面板与檩条或墙梁的连接，宜采用带橡皮垫圈的自钻自攻螺钉。螺钉的间距不应大于 300mm。

门式刚架轻型房屋钢结构的柱脚，宜采用平板式铰接柱脚，当有必要时，也可采用刚接柱脚。变截面柱下端的宽度应根据具体情况确定，但不宜小于 200mm。

【案例 7-3】某客户需要建设 66m×75m 的仓库，根据客户要求，宽度方向为 66m，设 3 跨，跨度分别为 24m、18m、24m，柱距取 7.5m，檐口高度为 6m。屋面为 0.5mm 压型钢板+75mm 厚保温棉(容重 14kg/m^3) + 0.4mm 内衬板，材质采用 Q345。

节点设置需要考虑下列因素：

① 拼接点尽可能靠近反弯点，一般反弯点位置在 1/6 ~ 1/4 跨度处，按照此原则，对于 24m 跨，拼接点设在离柱 24 × (1/6～1/4)m=4～6m 处比较合适。对于 18m 跨，则应该设在 18 × (1/6～1/4)m=3～4.5m 比较合适；

② 单元长度不要超过可运输最大长度，一般不宜超过 12.5m;

③ 尽量减少拼接数量，因为拼接节点需要端板及高强螺栓，同样会增加项目造价；

④ 拼接节点应避开抗风柱及屋面系杆的连接位置，以避免出现连接上的不便。

结合上文确定本工程的柱距选择、屋面梁拼接节点设置、柱脚及梁柱的铰接与刚接设置及荷载计算。

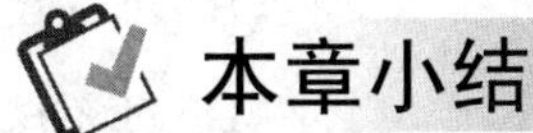

本章小结

本章主要阐述了轻型门式刚架结构的结构选择与布置、荷载计算与内力组合、刚架柱和梁设计、檩条和墙梁设计、焊接和节点设计等相关知识。希望学生们通过本章的学习，为以后相关轻型门式刚架结构的学习和工作打下坚实的基础。

实训练习

一、单选题

1. 槽钢檩条的每一端一般用下列(　　)连于预先焊在屋架上弦的短角钢(檩托)上。

A. 一个普通螺栓　　B. 两个普通螺栓

C. 安装焊缝　　D. 一个高强螺栓

2. 如轻型钢屋架上弦杆的节间距为 L，其平面外计算长度应取(　　)。

A. L　　B. $0.8L$　　C. $0.9L$　　D. 侧向支撑点间距

3. 门式刚架轻型房屋屋面坡度宜取(　　)，在雨水较多的地区取其中的较大值。

A. 1/20 ~ 1/8　　B. 1/30 ~ 1/8

C. 1/20 ~ 1/5　　D. 1/30 ~ 1/5

4. 根据吊车梁所受荷载作用，对于吊车额定起重量 $Q \leqslant 30$t，跨度 $l \leqslant 6$m，工作级别为Al ~ A5的吊车梁，宜采用(　　)的办法，用来承受吊车的横向水平力。

A. 加强上翼缘　　B. 加强下翼缘

C. 设制动梁　　D. 设制动桁架

5. 门式刚架的柱脚，当有桥式吊车或刚架侧向刚度过弱时，则应采用(　　)柱脚。

A. 铰接　　B. 刚接　　C. 刚接或铰接　　D. 以上都不对

6. 当实腹式刚架斜梁的下翼缘受压时，必须在受压翼缘两侧布置(　　)。

A. 拉杆　　B. 系杆　　C. 檩托　　D. 隅撑

7. 实腹式檩条可通过(　　)与刚架斜梁连接。

A. 拉杆　　B. 系杆　　C. 檩托　　D. 隅撑

8. 下列屋架中，只能与柱做成铰接的钢屋架形式为(　　)。

A. 梯形屋架　　B. 平行弦屋架　　C. 人字形屋架　　D. 三角形屋架

9. 普通钢屋架的受压杆件中，两个侧向固定点之间(　　)。

A. 填板数不宜少于两个　　B. 填板数不宜少于一个

C. 填板数不宜多于两个　　D. 可不设填板

10. 大跨度结构常采用钢结构的主要原因是钢结构(　　)。

A. 密封性好　　B. 自重轻　　C. 制造工厂化　　D. 便于拆装

二、多选题

1. 焊前预焊前预热及层间温度的保持宜采用(　　)等加热，并采用专用的测温仪器测量。

A. 电加热器　　B. 温控器　　C. 火焰加热器

D. 陶瓷加热片　　E. 电阻器

2. 制造厂首次采用的钢材和焊接材料必须进行评定，在同一制造厂已评定并批准的工艺，可不再评定；遇有(　　)，应重新进行评定。

A. 钢种改变、焊接材料、焊接设备改变

B. 焊接方法或焊接位置改变

C. 预热温度低于规定的下限温度 10℃时

D. 衬垫材质改变、焊接电流、焊接电压和焊接速度改变 ± 10%以上

E. 增加或取消焊后热处理

3. 下列(　　)是门式刚架结构所涉及的可变荷载。

A. 地震作用　　B. 屋面活荷载　　C. 风荷载

D. 吊车荷载　　E. 静力荷载

4. 门式刚架斜梁与柱的连接可采用(　　)三种形式。

A. 端板竖放　　B. 端板平放　　C. 端板斜放

D. 端板叠放　　E. 以上选项都不正确

5. 格构式檩条可采用(　　)两个架式。

A. 空间框架式　　B. 平面桁架式　　C. 钢筋混凝土框架

D. 空间桁架式　　E. 薄膜形屋顶

三、简答题

1. 轻型门式刚架宜用哪些类型的材料为维护结构？

2. 门式刚架需要在哪些位置布置支撑？什么位置需布置刚性系杆？支撑和刚性系杆都采用什么截面？

3. 门式刚架计算时怎样考虑荷载效应组合？应选择哪些截面作控制截面进行计算？

4. 门式刚架截面需作哪些方面的验算？腹板的局部稳定是否需要验算？

5. 隅撑起什么作用？除了斜梁需考虑设隅撑外，刚架柱是否也需考虑放置？

第7章答案.docx

实训工作单

班级		姓名		日期	
教学项目		轻型门式刚架结构			
学习项目	结构选择与布置、荷载计算和内力组合、刚架柱和梁设计、檩条和墙梁设计		学习要求	了解结构形式、掌握建筑尺寸、熟悉结构平面布置、掌握荷载计算、熟悉荷载组合效应、了解变截面刚架柱和梁的设计、掌握檩条设计、熟悉墙梁设计	
相关知识			檩条和墙梁布置、支撑布置、内力计算、变形计算、等截面刚架柱和梁的设计、支承构件设计		
其他内容			焊接和节点设计		
学习记录					
评语				指导老师	

第 8 章　钢结构抗震

【教学目标】

第 8 章　钢结构的抗震.pptx

- 了解钢结构抗震性能化设计。
- 掌握基本抗震措施。

【教学要求】

本章要点	掌握层次	相关知识点
钢结构抗震性能化设计	1. 了解钢结构抗震性能化设计一般规定。 2. 熟悉钢结构抗震性能化设计计算要点	钢结构抗震性能化设计
基本抗震措施	1. 基本抗震措施的一般规定。 2. 基本抗震措施的框架结构。 3. 基本抗震措施的支撑结构及框架——支撑结构	抗震措施

【案例导入】

小地震下结构处于弹性，但是大地震下结构处于弹塑性，如何准确分析技术大地震下多高层钢结构弹塑性地震反应，并提出合适的控制指标要求，是一个极为重要的技术理论难题。1985 年的墨西哥大地震中，由于设计和计算不当，有 10 幢多层或高层钢结构建筑倒塌；1995 年日本阪神大地震中也有许多钢结构建筑构件遭到破坏。

【问题导入】

分析钢结构抗震在现在建筑中的重要性及其抗震措施。

音频　钢结构抗震性能化设计的设计依据.mp3

8.1　钢结构抗震性能化设计

8.1.1　一般规定

本章主要讲述抗震设防烈度不高于 8 度(0.20g)，结构高度不高于 100m 的框架结构、支撑结构和框架—支撑结构的构件和节点的抗震性能化设计。地震动参数和性能化设计原则

应符合现行国家标准《建筑抗震设计规范》(GB 50011—2010)的规定。钢结构建筑的抗震设防类别应按现行国家标准《建筑工程抗震设防分类标准》(GB 50223—2019)的规定采用。

钢结构构件的抗震性能化设计应根据建筑的抗震设防类别、设防烈度、场地条件、结构类型和不规则性，结构构件在整个结构中的作用，使用功能和附属设施功能的要求、投资大小、震后损失和修复难易程度等，经综合分析比较选定其抗震性能目标。构件塑性耗能区的抗震承载性能等级及其在不同地震动水准下的性能目标如表 8-1 所示。

支撑体系.docx

表 8-1　构件塑性耗能区的抗震承载性能等级

承载性能等级	地震动水准		
	多遇地震	设防地震	罕遇地震
性能 1	完好	完好	基本完好
性能 2	完好	基本完好	基本完好至轻微变形
性能 3	完好	实际承载力满足高性能系数的要求	轻微变形
性能 4	完好	实际承载力满足较高性能系数的要求	轻微变形至中等变形
性能 5	完好	实际承载力满足中性能系数的要求	中等变形
性能 6	基本完好	实际承载力满足低性能系数的要求	中等变形至显著变形
性能 7	基本完好	实际承载力满足最低性能系数的要求	显著变形

注：性能 1 至性能 7 性能目标依次降低，性能系数的高、低取值见本章第 8.1.2 节。

1. 钢结构构件的抗震性能化设计

钢结构构件的抗震性能化设计可采用下列基本步骤和方法：

音频　钢结构构件的抗震性能化设计的方法.mp3

(1) 按现行国家标准《建筑抗震设计规范》(GB 50011—2010)或《构筑物抗震设计规范》(GB 50191—2012)的规定进行多遇地震作用验算，结构承载力及侧移应满足其规定，位于塑性耗能区的构件进行承载力计算时，可考虑该构件刚度折减形成等效弹性模型。

(2) 抗震设防类别为标准设防类(丙类)的建筑，可按表 8-2 初步选择塑性耗能区的承载性能等级。

表 8-2　塑性耗能区承载性能等级

地震设防烈度	单　层	H≤50m	50m≤H≤100m
6 度(0.05g)	性能 3～7	性能 4～7	性能 5～7
7 度(0.10g)	性能 3～7	性能 5～7	性能 6～7
7 度(0.15g)	性能 4～7	性能 5～7	性能 6～7
8 度(0.20g)	性能 4～7	性能 6～7	性能 7

注：H 为钢结构房屋的高度，即室外地面到主要屋面板板顶的高度(不包括局部突出屋面的部分)。

(3) 根据设防类别及塑性耗能区最低承载性能等级，应根据表 8-3 确定构件和节点的延性等级以及基本抗震措施的规定对不同延性等级的相应要求采取抗震措施。

表 8-3 结构构件最低延性等级

设防烈度	塑性耗能区最低承载性能等级						
	性能 1	性能 2	性能 3	性能 4	性能 5	性能 6	性能 7
适度设防类(丁类)	—	—	—	V 级	Ⅳ级	Ⅲ级	Ⅱ级
标准设防类(丙类)	—	—	V 级	Ⅳ级	Ⅲ级	Ⅱ级	Ⅰ级
重点设防类(乙类)	—	V 级	Ⅳ级	Ⅲ级	Ⅱ级	Ⅰ级	—
特殊设防类(甲类)	V 级	Ⅳ级	Ⅲ级	Ⅱ级	Ⅰ级	—	—

注：Ⅰ级至Ⅴ级，结构构件延性等级依次降低。

(4) 塑性耗能区的最低承载性能等级为性能 5、性能 6 或性能 7 时，通过罕遇地震下结构的弹塑性分析或按构件工作状态形成新的结构等效弹性分析模型，进行竖向构件的弹塑性层间位移角验算，应满足现行国家标准《建筑抗震设计规范》(GB 50011—2010)、《构筑物抗震设计规范》(GB 50191—2012)的弹塑性层间位移角限值；当所有构造要求均满足结构构件延性等级Ⅰ级的要求时，弹塑性层间位移角限值可增加 25%。

2. 钢结构构件的性能系数应符合的规定

(1) 整个结构中不同部位的构件、同一部位的水平构件和竖向构件，可有不同的性能系数；节点域及其连接件，承载力应符合强节点弱杆件的要求。

(2) 对框架结构，同层框架柱的性能系数宜高于框架梁。

(3) 对支撑结构和框架—中心支撑结构的支撑系统，同层框架柱的性能系数宜高于框架梁，框架梁的性能系数宜高于支撑。

钢结构构件.docx

(4) 框架—偏心支撑结构的支撑系统，同层框架柱的性能系数宜高于支撑，支撑的性能系数宜高于框架梁，框架梁的性能系数应高于消能梁段。

(5) 关键构件的性能系数不应低于一般构件。

3. 采用抗震性能化设计的钢结构构件，其材料应符合的规定

(1) 钢材的质量等级应符合的规定如下。

① 当工作温度高于 0℃时，其质量等级不应低于 B 级。

② 当工作温度不高于 0℃但高于−20℃时，Q235、Q345 钢不应低于 B 级，Q390、Q420 及 Q460 钢不应低于 C 级。

③ 当工作温度不高于−20℃时，Q235、Q345 钢不应低于 C 级，Q390、Q420 及 Q460

钢不应低于 D 级。

音频 构件塑性耗能区的规定.mp3

(2) 构件塑性耗能区采用的钢材尚应符合的规定如下。

① 钢材的屈服强度实测值与抗拉强度实测值的比值不应大于 0.85。

② 钢材应有明显的屈服台阶，且伸长率不应小于 20%。

③ 钢材应满足屈服强度实测值不高于上一级钢材屈服强度规定值的条件。

④ 钢材工作温度时夏比冲击韧性不宜低于 27J。

钢结构构件关键性焊缝的填充金属应检验 V 形切口的冲击韧性，其工作温度时夏比冲击韧性不应低于 27J。

钢结构布置应符合现行国家标准《建筑抗震设计规范》(GB 50011—2010)的规定。

8.1.2 计算要点

1. 钢结构的分析模型及其参数应符合的规定

(1) 模型应正确反映构件及其连接在不同地震动水准下的工作状态；

(2) 整个结构的弹性分析可采用线性方法，弹塑性分析可根据预期构件的工作状态，分别采用增加阻尼的等效线性化方法及静力或动力非线性设计方法；

(3) 在罕遇地震下应计入重力二阶效应；

(4) 弹性分析的阻尼比可按现行国家标准《建筑抗震设计规范》(GB 50011—2010)的规定采用，弹塑性分析的阻尼比可适当增加，采用等效线性化方法时不宜大于 5%；

(5) 构成支撑系统的梁柱，计算重力荷载代表值产生的效应时，不宜考虑支撑作用。

2. 钢结构构件的性能系数应符合的规定

(1) 钢结构构件的性能系数应按下式计算：

$$\Omega_i \geqslant \beta_{\mathrm{e}} \Omega_{i,\min}^{\mathrm{a}} \tag{8-1}$$

(2) 塑性耗能区的性能系数应符合下列规定：

① 对框架结构、中心支撑结构、框架—支撑结构，规则结构塑性耗能区不同承载性能等级对应的性能系数最小值宜符合表 8-4 的规定。

表 8-4 规则结构塑性耗能区不同承载性能等级

承载性等级	性能 1	性能 2	性能 3	性能 4	性能 5	性能 6	性能 7
性能系数最小值	1.10	0.9	0.7	0.55	0.45	0.35	0.28

② 不规则结构塑性耗能区的构件性能系数最小值，宜比规则结构增加 15%～50%。

③ 塑性耗能区实际性能系数可按下列公式计算：

框架结构：

$$\Omega_0^{\mathrm{a}} = (W_{\mathrm{E}} f_y - M_{\mathrm{GE}} - 0.4M_{\mathrm{Ehk2}}) / M_{\mathrm{Evk2}} \tag{8-2}$$

支撑结构：

$$\Omega_0^{\mathrm{a}} = \frac{(N'_{\mathrm{br}} - N'_{\mathrm{GE}} - 0.4N'_{\mathrm{Evk2}})}{(1+0.7\beta_i)N'_{\mathrm{Ehk2}}} \tag{8-3}$$

框架——偏心支撑结构：

设防地震性能组合的消能梁段轴力 $N_{\mathrm{p,l}}$，可按下式计算：

$$N_{\mathrm{p,l}} = N_{\mathrm{GE}} + 0.28N_{\mathrm{Ehk2}} + 0.4N_{\mathrm{Evk2}} \tag{8-4}$$

当 $N_{\mathrm{p,l}} > 0.15Af_y$ 时，实际性能系数应取式(8-5)和式(8-6)的较小值：

$$\Omega_0^{\mathrm{a}} = (W_{\mathrm{p,l}} f_y - M_{\mathrm{GE}} - 0.4M_{\mathrm{Evk2}}) / M_{\mathrm{Ehk2}} \tag{8-5}$$

$$\Omega_0^{\mathrm{a}} = (V_1 - V_{\mathrm{GE}} - 0.4V_{\mathrm{Evk2}}) / V_{\mathrm{Ehk2}} \tag{8-6}$$

当 $N_{\mathrm{p,l}} > 0.15Af_y$ 时，实际性能系数应取式(8-7)和式(8-8)的较小值：

$$\Omega_0^{\mathrm{a}} = \{1.2W_{\mathrm{p,l}} f_y \lfloor 1 - N_{\mathrm{p,l}} / (Af_y) \rfloor - M_{\mathrm{GB}} - 0.4M_{\mathrm{Evk2}}\} / M_{\mathrm{Ehk2}} \tag{8-7}$$

$$\Omega_0^{\mathrm{a}} = (V_{\mathrm{lc}} - V_{\mathrm{GE}} - 0.4V_{\mathrm{Evk2}}) / V_{\mathrm{Ehk2}} \tag{8-8}$$

框架—支撑结构：

$$\Omega_0^{\mathrm{a}} = \min\left[\frac{W_{\mathrm{E}} f_y - M_{\mathrm{GE}} - 0.4M_{\mathrm{Evk2}}}{M_{\mathrm{Evk2}}}, \frac{(N'_{\mathrm{br}} 、 N'_{\mathrm{GE}} - 0.4N'_{\mathrm{Evk2}})}{N'_{\mathrm{Ehk2}}}\right] \tag{8-9}$$

支撑系统的水平地震作用非塑性耗能区内力调整系数应按下式计算：

$$\beta_{\mathrm{br,ei}} = 1.1\eta_y (1+0.7\beta_i) \tag{8-10}$$

④ 支撑结构及框架—中心支撑结构的同层支撑性能系数最大值与最小值之差不宜超过最小值的 20%。

式中：Ω_i——i 层构件性能系数；

η_y——钢材超强系数，可按表 8-6 取值，其中塑性耗能区、弹性区分别采用梁、柱替代；

β_{e}——水平地震作用非塑性耗能区内力调整系数，塑性耗能区构件应取 1.0，其余构件不宜小于 $1.1\eta_y$，支撑系统应按式(8-10)计算确定；

$\Omega_{i,\min}^{\mathrm{a}}$——$i$ 层构件塑性耗能区实际性能系数最小值；

Ω_0^{a}——构件塑性耗能区实际性能系数；

W_{E}——构件塑性耗能区截面模量(mm³)，按表 8-5 取值；

f_y——钢材屈服强度(N/mm²)；

M_{GE}、N_{GE}、V_{GE}——分别为重力荷载代表值产生的弯矩效应(N·mm)、轴力效应(N)和剪力效应(N)，可按现行国家标准《建筑抗震设计规范》(GB 50011—2010)的规定采用；

M_{Ehk2}、M_{Evk2}——分别为按弹性或等效弹性计算的构件水平设防地震作用标准值的弯矩效应、8度且高度大于50m时按弹性或等效弹性计算的构件竖向设防地震作用标准值的弯矩效应(N·mm)；

V_{Ehk2}、V_{Evk2}——分别为按弹性或等效弹性计算的构件水平设防地震作用标准值的剪力效应、8度且高度大于50m时按弹性或等效弹性计算的构件竖向设防地震作用标准值的剪力效应(N)；

N'_{br}、N'_{GE}——支撑对承载力标准值、重力荷载代表值产生的轴力效应(N)；

N'_{Ehk2}、N'_{Evk2}——分别为按弹性或等效弹性计算的支撑对水平设防地震作用标准值的轴力效应、8度且高度大于50m时按弹性或等效弹性计算的支撑对竖向设防地震作用标准值的轴力效应(N)；

N_{Ehk2}、N_{Evk2}——分别为按弹性或等效弹性计算的支撑水平设防地震作用标准值的轴力效应、8度且高度大于50m时按弹性或等效弹性计算的支撑竖向设防地震作用标准值的轴力效应(N)；

$W_{p,l}$——消能梁段塑性截面模量(mm³)；

V_l、V_{lc}——分别为消能梁段受剪承载力和计入轴力影响的受剪承载力(N)；

β_i——i层支撑水平地震剪力分担率，屈曲约束支撑取为0，当大于0.714时，取为0.714。

表8-5　构件截面模量 W_E 取值

截面边件宽厚比等级	S1	S2	S3	S4	S5
构件截面模量	W_E=W_P		W_E=γ$x$$W$	W_E=W	W_E=ae$W$

注：W_p为塑性截面模量；γ_x为截面塑性发展系数，W为弹性截面模量；a_e为梁截面模量考虑腹板有效高度的折减系数。

(3) 当钢结构构件延性等级为Ⅴ级时，非塑性耗能区内力调整系数可采用1.0。

3. 钢结构构件的承载力验算

钢结构构件的承载力应按下列公式验算：

$$S_{E2}=S_{GE}+\Omega_i S_{Ehk2}+0.4S_{Evk2} \tag{8-11}$$

$$S_{E2} \leqslant R_k \tag{8-12}$$

式中：S_{E2}——构件设防地震内力性能组合值；

S_{GE}——构件重力荷载代表值产生的效应，按现行国家标准《建筑抗震设计规范》(GB 50011)或《构筑物抗震设计规范》(GB 50191—2012)的规定采用；

S_{Ehk2}、S_{Evk2}——分别为按弹性或等效弹性计算的构件水平设防地震作用标准值效应、8 度且高度大于 50m 时按弹性或等效弹性计算的构件竖向设防地震作用标准值效应；

R_k——按屈服强度计算的构件实际截面承载力标准值。

4. 框架梁的抗震承载力验算应符合的规定

(1) 框架结构中框架梁进行受剪计算时，剪力应按下式计算：

$$V_{pb} = V_{Gb} + \frac{W_{Eb,A} f_y + W_{Eb,B} f_y}{l_n} \tag{8-13}$$

(2) 框架—偏心支撑结构中非消能梁段的框架梁，应按压弯构件计算；计算弯矩及轴力效应时，其非塑性耗能区内力调整系数宜按 1.1 η_y 采用。

(3) 交叉支撑系统中的框架梁，应按压弯构件计算；轴力可按式(8-14)计算，计算弯矩效应时，其非塑性耗能区内力调整系数宜按 1.1 η_y 采用。

$$N = A_{br1} f_y \cos a_1 - \eta\varphi A_{br2} f_y \cos a_2 \tag{8-14}$$

$$\eta = 0.65 + 0.35 \tan h(4 - 10.5\lambda_{n,br}) \tag{8-15}$$

$$\lambda_{n,br} = \frac{\lambda_{br}}{\pi}\sqrt{\frac{f_y}{E}} \tag{8-16}$$

(4) 人字形、V 形支撑系统中的框架梁在支撑连接处应保持连续，并按压弯构件计算；轴力可按式(8-14)计算；弯矩效应宜按不计入支撑支点作用的梁承受重力荷载和支撑屈曲时不平衡力作用计算，竖向不平衡力计算宜符合下列规定。

① 除顶层和出屋面房间的框架梁外，竖向不平衡力可按下列公式计算：

$$V = \eta_{red}(1 - \eta\varphi) A_{br} f_y \sin a \tag{8-17}$$

$$\eta_{red} = 1.25 - 0.75\frac{V_{p,F}}{V_{br,k}} \tag{8-18}$$

② 顶层和出屋面房间的框架梁，竖向不平衡力宜按式(8-17)计算的 50%取值。

③ 当为屈曲约束支撑，计算轴力效应时，非塑性耗能区内力调整系数宜取 1.0；弯矩效应宜按不计入支撑支点作用的梁承受重力荷载和支撑拉压力标准组合下的不平衡力作用计算，在恒载和支撑最大拉压力标准组合下的变形不宜超过不考虑支撑支点的梁跨度的

1/240。

式中：V_{Gb}——梁在重力荷载代表值作用下截面的剪力值(N)；

$W_{Eb,A}$、$W_{Eb,B}$——梁端截面 A 和 B 处的构件截面模量，可按本标准表 8-5 的规定采用(mm^3)；

l_n——梁的净跨(mm)；

A_{br1}、A_{br2}——分别为上、下层支撑截面面积(mm^2)；

a_1、a_2——分别为上、下层支撑斜杆与横梁的交角；

λ_{br}——支撑最小长细比；

η——受压支撑剩余承载力系数，应按式(8-15)计算；

$\lambda_{n,br}$——支撑正则化长细比；

E——钢材弹性模量(N/m^2)；

a——支撑斜杆与横梁的交角；

η_{red}——竖向不平衡力折减系数；当按式(8-18)计算的结果小于 0.3 时，应取为 0.3；大于 1.0 时，应取 1.0；

A_{br}——支撑杆截面面积(mm^2)；

φ——支撑的稳定系数；

$V_{p,F}$——框架独立形成侧移机构时的抗侧承载力标准值(N)；

$V_{br,k}$——支撑发生屈曲时，由人字形支撑提供的抗侧承载力标准值(N)。

5. 框架柱的抗震承载力验算应符合的规定

(1) 柱端截面的强度应符合的规定.

① 等截面梁

柱截面板件宽厚比等级为 S1、S2 时：

$$\sum W_{Ec}(f_{yc} - N_p / A_c) \geqslant \eta_y \sum W_{Eb} f_{yb} \tag{8-19}$$

柱截面板件宽厚比等级为 S3、S4 时：

$$\sum W_{Ec}(f_{yc} - N_p / A_c) \geqslant 1.1\eta_y \sum W_{Eb} f_{yb} \tag{8-20}$$

② 端部翼缘变截面的梁

柱截面板件宽厚比等级为 S1、S2 时：

$$\sum W_{Ec}(f_{yc} - N_p / A_c) \geqslant \eta(\sum W_{Eb1} f_{yb} + V_{pb} S) \tag{8-21}$$

柱截面板件宽厚比等级为 S3、S4 时：

$$\sum W_{Ec}(f_{yc} - N_p / A_c) \geqslant 1.1\eta_y (\sum W_{Eb1} f_{yb} + V_{pb} S) \tag{8-22}$$

(2) 符合下列情况之一的框架柱可不按第1款的要求验算。

① 单层框架和框架顶层柱。

② 规则框架，本层的受剪承载力比相邻上一层的受剪承载力高出25%。

③ 不满足强柱弱梁要求的柱子提供的受剪承载力之和，不超过总受剪承载力的20%。

④ 与支撑斜杆相连的框架柱。

⑤ 框架柱轴压比(N_p/N_y)不超过0.4且柱的截面板件宽厚比等级满足S3级要求。

⑥ 柱满足构件延性等级为Ⅴ级时的承载力要求。

(3) 框架柱应按压弯构件计算，计算弯矩效应和轴力效应时，其非塑性耗能区内力调整系数不宜小于 $1.1\eta_y$ 对于框架结构，进行受剪计算时，剪力应按式(8-23)计算；计算弯矩效应时，多高层钢结构底层柱的非塑性耗能区内力调整系数不应小于1.35。对于框架—中心支撑结构，框架柱计算长度系数不宜小于1。

$$V_{pc}=V_{Gc}+\frac{W_{Ec,A}f_y+W_{Ec,B}f_y}{h_n} \tag{8-23}$$

式中：W_{Ec}、W_{Eb}——分别为交汇于节点的柱和梁的截面模量(mm^3)；

W_{Eb1}——梁塑性铰截面的截面模量(mm^3)；

f_{yc}、f_{yb}——分别是柱和梁的钢材屈服强度(N/mm^2)；

N_p——设防地震内力性能组合的柱轴力(N)，非塑性耗能区内力调整系数可取1.0；

A_c——框架柱的截面面积(mm^2)；

η_y——钢材超强系数，如表8-6所示；

V_{pb}、V_{pc}——产生塑性铰时塑性铰截面的剪力(N)；

S——塑性铰截面至柱侧面的距离(mm)；

V_{Gc}——在重力荷载代表值作用下柱的剪力效应(N)；

$W_{Ec,A}$、$W_{Ec,B}$——柱端截面A和B处的构件截面模量(mm^2)；

h_n——柱的净高(mm)。

表8-6 钢材超强系数 η_y

塑性耗能区 \ 弹性区	Q235	Q345、Q345GJ
Q235	1.15	1.05
Q345、Q345GJ、Q390、Q420、Q460	1.2	1.1

注：当塑性耗能区的钢材为管材时，η_y 可取表中数值乘以1.1。

6. 受拉构件或构件受拉区域的截面应符合的要求

$$Af_y \leqslant A_n f_u \tag{8-24}$$

式中：A——受拉构件或构件受拉区域的毛截面面积(mm^2)；

A_n——受拉构件或构件受拉区域的净截面面积(mm^2)，当构件多个截面有孔时，应取最不利截面；

f_y——受拉构件或构件受拉区域钢材屈服强度(N/mm^2)；

f_u——受拉构件或构件受拉区域钢材抗拉强度最小值(N/mm^2)。

7. 内力调整系数

偏心支撑结构中支撑的非塑性耗能区内力调整系数应取 $1.1\eta_y$。

8. 消能梁段的受剪承载力计算应符合的规定

当 $N_{p,l} \leqslant 0.15Af_y$ 时，受剪承载力应取式(8-25)和式(8-26)的较小值。

$$V_l = A_W f_{yv} \tag{8-25}$$

$$V_l = 2W_{p,l} f_y / a \tag{8-26}$$

当 $N_{p,l} > 0.15Af_y$ 时，受剪承载力应取式(8-27)和式(8-28)的较小值。

$$V_{lc} = 2.4W_{pl} f_y \left[1 - N_{pl} / (Af_y)\right] / a \tag{8-27}$$

$$V_{lc} = A_W f_{yv} \sqrt{1 - \left[N_{pl} / (Af_y)\right]^2} \tag{8-28}$$

式中：A_W——消能梁段腹板截面面积(mm^2)；

f_{yv}——钢材的屈服抗剪强度，可取钢材屈服强度的 0.58 倍(N/mm^2)；

a——消能梁段的净长(mm)。

9. 钢结构抗侧力构件的连接计算应符合的规定

(1) 与塑性耗能区连接的极限承载力应大于与其连接构件的屈服承载力。

(2) 梁与柱刚性连接的极限承载力应按下列公式验算：

$$M_u^j \geqslant \eta_j W_E f_y \tag{8-29}$$

$$V_u^j \geqslant 1.2\left[2(W_E f_y) / l_n\right] + V_{Gb} \tag{8-30}$$

(3) 与塑性耗能区的连接及支撑拼接的极限承载力应按下列公式验算：

支撑连接和拼接：

$$N_{ubr}^j \geqslant \eta_j A_{br} f_y \tag{8-31}$$

梁的连接：

$$M_{\mathrm{ub,sp}}^{\mathrm{j}} \geqslant \eta_{\mathrm{j}} W_{\mathrm{E}} f_y \tag{8-32}$$

(4) 柱脚与基础的连接极限承载力应按下式验算：

$$M_{\mathrm{u,base}}^{\mathrm{j}} \geqslant \eta_{\mathrm{j}} W_{\mathrm{Ec}} f_y \tag{8-33}$$

钢结构梁.docx

式中：V_{Gb}——梁在重力荷载代表值作用下，按简支梁分析的梁端截面剪力效应(mm^3)；

A_{br}——支撑杆件的截面面积(mm^2)；

$M_{\mathrm{u}}^{\mathrm{j}}$、$V_{\mathrm{u}}^{\mathrm{j}}$——分别为连接的极限受弯、受剪承载力(N·mm)；

$N_{\mathrm{ubr}}^{\mathrm{j}}$、$M_{\mathrm{ub,sp}}^{\mathrm{j}}$——分别为支撑连接和拼接的极限受拉(压)承载力、梁拼接的极限受弯承载力(N·mm)；

$M_{\mathrm{u,base}}^{\mathrm{j}}$——柱脚的极限受弯承载力(N·mm)；

η_{j}——连接系数，可按表 8-7 采用，当梁腹板采用改进型过焊孔时，梁柱刚性连接的连接系数可乘以不小于 0.9 的折减系数。

表 8-7　连接系数

母材牌号	梁柱连接		支撑连接、构件连接		柱　脚	
	焊接	螺栓连接	焊接	螺栓连接		
Q235	1.40	1.45	1.25	1.30	埋入式	1.2
Q345	1.30	1.35	1.20	1.25	外包式	1.2
Q345GJ	1.25	1.30	1.15	1.20	外露式	1.2

注：① 屈服强度高于 Q345 的钢材，按 Q345 的规定采用。

② 屈服强度高于 Q345GJ 的 GJ 钢材，按 Q345GJ 的规定采用。

③ 翼缘焊接腹板栓接时，连接系数分别按表中连接形式取用。

10. 节点域抗震承载力规定

当框架结构的梁柱采用刚性连接时，H 形和箱形截面柱的节点域抗震承载力应符合下列规定。

(1) 当与梁翼缘平齐的柱横向加劲肋的厚度不小于梁翼缘厚度时，H 形和箱形截面柱的节点域抗震承载力验算应符合下列规定：

① 当结构构件延性等级为Ⅰ级或Ⅱ级时，节点域的承载力验算应符合下式要求：

$$a_{\mathrm{p}} \frac{M_{\mathrm{pb1}} + M_{\mathrm{pb2}}}{V_{\mathrm{p}}} \leqslant \frac{4}{3} f_{yv} \tag{8-34}$$

② 当结构构件延性等级为Ⅲ级、Ⅳ级或Ⅴ级时，节点域的承载力应符合下列要求：

$$\frac{M_{\mathrm{b1}} + M_{\mathrm{b2}}}{V_{\mathrm{p}}} \leqslant f_{\mathrm{ps}} \tag{8-35}$$

式中：M_{b1}、M_{b2} ——分别为节点域两侧梁端的设防地震性能组合的弯矩(N·mm)，非塑性耗能区内力调整系数可取 1.0；

M_{pb1}、M_{pb2} ——分别为与框架柱节点域连接的左、右梁端截面的全塑性受弯承载力(N·mm)；

V_p ——节点域的体积(mm^3)；

f_{ps} ——节点域的抗剪强度(N/mm^2)；

a_p ——节点域弯矩系数。

(2) 当节点域的计算不满足上述第(1)条条件时，应采取加厚柱腹板或贴焊补强板的构造措施。补强板的厚度及其焊接应按传递补强板所分担剪力的要求设计。

11. 支撑系统的节点计算应符合的规定

(1) 交叉支撑结构、成对布置的单斜支撑结构的支撑系统，上、下层支撑斜杆交汇处节点应可靠承受按下列公式确定的竖向不平衡剪力：

$$V = \eta\varphi A_{br1} f_y \sin a_1 + A_{br2} f_y \sin a_2 + V_G \tag{8-36}$$

$$V = A_{br1} f_y \sin a_1 + \eta\varphi A_{br2} f_y \sin a_2 - V_G \tag{8-37}$$

(2) 人字形或 V 形支撑，支撑斜杆、横梁与立柱的汇交点，应可靠传递按下式计算的剪力：

$$V = A_{br} f_y \sin a + V_G \tag{8-38}$$

式中：V ——支撑斜杆交汇处的竖向不平衡剪力(N·mm)；

φ ——支撑稳定系数；

V_G ——在重力荷载代表值作用下的横梁梁端剪力(对于人字形或 V 形支撑，不应计入支撑的作用)(N·mm)；

η ——受压支撑剩余承载力系数。

(3) 当同层同一竖向平面内有两个支撑斜杆汇交于一个柱子时，该节点的极限承载力不宜小于左右支撑屈服和屈曲产生的不平衡力的 η_j 倍，η_j 为连接系数，应按表 8-7 采用。

12. 柱脚的承载力验算应符合的规定

(1) 支撑系统的立柱柱脚的极限承载力，不宜小于与其相连斜撑的 1.2 倍屈服拉力产生的剪力和组合拉力。

(2) 柱脚进行受剪承载力验算时，其性能系数不宜小于 1.0。

(3) 对于框架结构或框架承担总水平地震剪力 50%以上的双重抗侧力结构中框架部分

的框架柱柱脚，采用外露式柱脚时，锚栓宜符合下列规定。

① 实腹柱刚接柱脚，按锚栓毛截面屈服计算的受弯承载力不宜小于钢柱全截面塑性受弯承载力的 50%。

② 格构柱分离式柱脚，受拉肢的锚栓毛截面受拉承载力标准值不宜小于钢柱分肢受拉承载力标准值的 50%。

③ 实腹柱铰接柱脚，锚栓毛截面受拉承载力标准值不宜小于钢柱最薄弱截面受拉承载力标准值的 50%。

【案例 8-1】日本东京的摩天大楼鳞次栉比，其日新月异的街头风景闻名世界，来自全世界的建筑大师都在这里尽显身手，展示着对建筑艺术源源不断的创造力。而 2009 年 4 月正式投入使用的蚕茧大厦堪称东京建筑物中最具魅力的摩天大楼了。

蚕茧大厦共两部分，分别由 50 层的塔楼和底部 6 层圆形商业会展大厅组成。塔楼由 3 面钢架结构包围处于中央位置的“内核”，主体框架是钢铁斜格结构，其表层还贴挂一层与主体钢架结构没有关系的外挂护网。

当外力作用于这种斜格结构时大厦产生摇摆，这时从一个支点承受的冲击力会被分散到上下左右的各个支点中，整个大厦承受的外力就分散开了，晃动也随之被吸引。这种结构不但可以提高抗震的强度，对于风力所引起的晃动也能有效吸收。

结合上文分析蚕茧大厦的抗震性能及其抗震设计的要点。

8.2 基本抗震措施

8.2.1 一般规定

抗震设防的钢结构节点连接应符合现行国家标准《钢结构焊接规范》(GB 50661—2011) 第 5.7 节的规定，结构高度大于 50m 或地震烈度高于 7 度的多高层钢结构截面板件宽厚比等级不宜采用 S5 级。

构件塑性耗能区应符合下列规定。

(1) 塑性耗能区板件间的连接应采用完全焊透的对接焊缝。

(2) 位于塑性耗能区的梁或支撑宜采用整根材料，当热轧型钢超过材料最大长度规格时，可进行等强拼接。

(3) 位于塑性耗能区的支撑不宜进行现场拼接。

在支撑系统之间，直接与支撑系统构件相连的刚接钢梁，当其在受压斜杆屈曲前屈服

时，应按框架结构的框架梁设计，非塑性耗能区内力调整系数可取 1.0，截面板件宽厚比等级宜满足受弯构件 S1 级要求。

8.2.2 框架结构

1. 框架梁应符合的规定

(1) 结构构件延性等级对应的塑性耗能区(梁端)截面板件宽厚比等级和设防地震性能组合下的最大轴力 N_{E2}、剪力 V_{pb} 应符合表 8-8 的要求。

表 8-8 结构构件延性等级对应的塑性耗能区(梁端)截面板件宽厚比等级和轴力、剪力限值

结构构件延性等级	Ⅴ级	Ⅳ级	Ⅲ级	Ⅱ级	Ⅰ级
截面板件宽厚比最低等级	S5	S4	S3	S2	S1
N_{e2}	—	$\leqslant 0.15Af$		$\leqslant 0.15Af_y$	
V_{pb}(未设置纵向加劲肋)	—	$\leqslant 0.5h_w t_w f_v$		$\leqslant 0.5h_w t_w f_{vy}$	

注：单层或顶层无须满足最大轴力与最大剪力的限值。

(2) 当梁端塑性耗能区为工字形截面时，尚应符合下列要求之一。

① 工字形梁上翼缘有楼板且布置间距不大于两倍梁高的加劲肋。

② 工字形梁受弯正则化长细比 $\lambda_{n,b}$ 限值符合表 8-9 的要求。

③ 上、下翼缘均设置侧向支承。

表 8-9 工字形梁 受弯 正则化长细比 $\lambda_{n,b}$ 限值

结构构件延性等级	Ⅰ级、Ⅱ级	Ⅲ级	Ⅳ级	Ⅴ级
上翼缘有楼板	0.25	0.4	0.55	0.80

2. 框架柱长细比

框架柱长细比宜符合表 8-10 的要求。

表 8-10 框架柱长细比要求

机构构件延性等级	Ⅴ级	Ⅳ级	Ⅰ级、Ⅱ级、Ⅲ级
$N_p/(Af_y)\leqslant 0.15$	180	150	$120\varepsilon_k$
$N_p/(Af_y)>0.15$	$125[1-N_p/(Af_y)]\varepsilon_k$		

3. 梁柱刚性节点应符合的规定

当框架结构塑性耗能区延性等级为Ⅰ级或Ⅱ级时，梁柱刚性节点应符合下列规定。

(1) 梁翼缘与柱翼缘焊接时，应采用全熔透焊缝。

(2) 在梁翼缘上下各 600mm 的节点范围内，柱翼缘与柱腹板间或箱形柱壁板间的连接焊缝应采用全熔透焊缝。在梁上、下翼缘标高处设置的柱水平加劲肋或隔板的厚度不应小于梁翼缘厚度。

(3) 梁腹板的过焊孔应使其端部与梁翼缘和柱翼缘间的全熔透坡口焊缝完全隔开，并宜采用改进型过焊孔，亦可采用常规型过焊孔。

(4) 梁翼缘和柱翼缘焊接孔下焊接衬板长度不应小于翼缘宽度加 50mm 和翼缘宽度加两倍翼缘厚度；与柱翼缘的焊接构造，如图 8-1 所示，应符合下列规定。

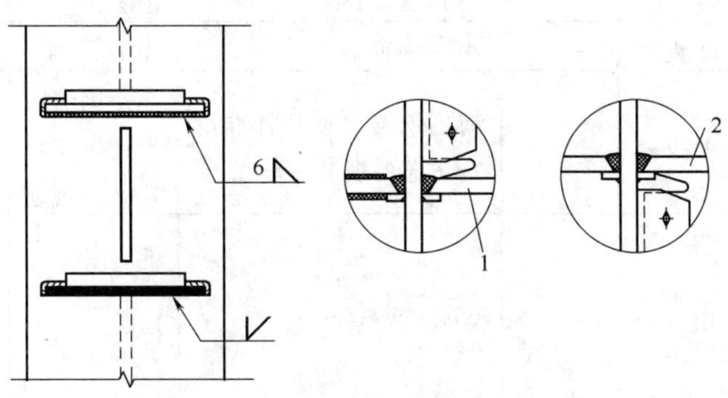

图 8-1　衬板与柱翼缘的焊接构造

1—下翼缘；2—上翼缘

① 上翼缘的焊接衬板可采用角焊缝，引弧部分应采用绕角焊。

② 下翼缘衬板应采用从上部往下熔透的焊缝与柱翼缘焊接。

8.2.3 支撑结构及框架——支撑结构

框架—中心支撑结构的框架部分，即不传递支撑内力的梁柱构件，其抗震构造应根据延性等级按框架结构采用。

支撑长细比、截面板件宽厚比等级应根据其结构构件延性等级符合表 8-11 的要求，其中支撑截面板件宽厚比应按其对应的构件板件宽厚比等级的限值采用。

表 8-11　支撑长细比、截面板件宽厚比等级

抗侧力构件	结构构件延性等级			支撑长细比	支撑截面板件宽厚比最低等级	备　注
	支撑结构	框架—中心支撑结构	框架—偏心支撑结构			
交叉中心支撑或对称设置的单斜杆支撑	Ⅴ级	Ⅴ级	—	满足钢结构设计标准第7.4.6的规定，当内里计算时不计入压杆作用只受拉斜杠计算时，满足钢结构标准第7.4.7的规定	满足钢结构设计标准第7.3.1条的规定	—
	Ⅳ级	Ⅲ级	—	$65\varepsilon_k<\lambda\leqslant130$	BS3	—
	Ⅲ级	Ⅱ级	—	$33\varepsilon_k<\lambda\leqslant65\varepsilon_k$	BS2	—
				$130<\lambda\leqslant180$	BS2	—
	Ⅱ级	Ⅰ级	—	$\lambda\leqslant33\varepsilon_k$	BS1	—
人字形或Ⅴ形中心支撑	Ⅴ级	Ⅴ级	—	满足钢结构设计标准第7.4.6条的规定	满足钢结构设计标准第7.3.1的规定	—
	Ⅳ级	Ⅲ级	—	$65\varepsilon_k<\lambda\leqslant130$	BS3	与支撑相连的梁截面板件宽厚比等级不低于S3级
	Ⅲ级	Ⅱ级	—	$33\varepsilon_k<\lambda\leqslant65\varepsilon_k$	BS2	与支撑相连的梁截面板件宽厚比等级不低于S2级
				$130<\lambda\leqslant180$	BS2	框架承担50%以上总水平地震剪力；与支撑相连的梁截面板件宽厚比等级不低于S1级
	Ⅱ级	Ⅰ级	—	$\lambda\leqslant33\varepsilon_k$	BS1	与支撑相连的梁截面板件宽厚比等级不低于S1级
				采用屈曲约束支撑	—	—

续表

抗侧力构件	结构构件延性等级			支撑长细比	支撑截面板件宽厚比最低等级	备 注
	支撑结构	框架—中心支撑结构	框架—偏心支撑结构			
偏心支撑	—	—	Ⅰ级	$\lambda \leqslant 120\varepsilon_k$	满足钢结构设计标准第 7.3.1 条的规定	消能梁段截面板件宽厚比要求应符合现行国家标准《建筑抗震设计规范》(GB 50011—2012)的有关规定

注：λ 为支撑的最小长细比。

1. 钢支撑连接节点应符合的规定

(1) 支撑和框架采用节点板连接时，支撑端部至节点板最近嵌固点在沿支撑杆件轴线方向的距离，不宜小于节点板的两倍。

(2) 人字形支撑与横梁的连接节点处应设置侧向支承，轴力设计值不得小于梁轴向承载力设计值的 2%。

2. 中心支撑结构应符合的规定

(1) 支撑宜成对设置，各层同一水平地震作用方向的不同倾斜方向杆件截面水平投影面积之差不宜大于 10%。

(2) 交叉支撑结构、成对布置的单斜杆支撑结构的支撑系统，当支撑斜杆的长细比大于 130，内力计算时可不计入压杆作用仅按受拉斜杆计算，当结构层数超过二层时，长细比不应大于 180。

【案例 8-2】日本的崎玉县川口公寓(地上为 55 层、高为 185m)，使用了与美国纽约世界贸易中心相同的 CFT(钢管)，确保了抗震强度。这种钢管的直径最大达 800mm，厚度达 40mm，而且钢管中还注入了比通常混凝土强度高三倍的高强度混凝土，该公寓共使用这种钢管 168 根。另外，该公寓还使用了刚性结构抗震体。如遇阪神大地震级别的地震发生时，柔性结构的建筑要摇动 1m 左右，而刚性结构建筑只摇动 30cm。

结合上文分析钢结构抗震的基本措施都有哪些？

本章小结

本章阐述了钢结构抗震性能化设计一般规定、钢结构抗震性能化设计计算要点、基本

抗震措施的一般规定、框架结构及支撑结构及框架——支撑结构相关知识。希望学生们通过本章的学习，为以后相关钢结构抗震的学习和工作打下坚实的基础。

实训练习

一、单选题

1. 某乙类建筑物场地为Ⅰ类，设防烈度为 7 度，其抗震措施应按(　　)要求处理。

   A. 7 度　　B. 6 度　　C. 8 度　　D. 处于不利地段时为 7 度

2. 某现浇钢筋混凝土房屋框架结构，其抗震烈度为 7 度，则其最大适用高度为(　　)。

   A. 40m　　B. 35m　　C. 50m　　D. 60m

3. 下列结构不利于抗震的是(　　)。

   A. 平面对称结构　　B. 框支剪力墙结构

   C. 横墙承重结构　　D. 竖向均匀结构

4. 下列结构抗震等级正确的是(　　)。

   A. 设防烈度为 6 度且跨度为 20m 的框架结构：四级

   B. 设防烈度为 7 度且高度为 20m 的抗震墙结构：三级

   C. 设防烈度为 8 度且高度为 20m 的框架—核芯筒结构：二级

   D. 设防烈度为 9 度且高度为 20m 的筒中筒结构：一级

5. 场地特征周期 T_g 与下列何种因素有关？(　　)

   A. 地震烈度　　B. 建筑物等级

   C. 场地覆盖层厚度　　D. 场地大小

二、多选题

1. 当工作温度不高于 0℃但高于-20℃时，(　　)钢不应低于 B 级。

   A. Q235　　B. Q345　　C. Q390

   D. Q420　　E. Q460

2. 当工作温度不高于-20℃时，(　　)钢不应低于 D 级。

   A. Q235　　B. Q345　　C. Q390

   D. Q420　　E. Q460

3. 多层和高层钢结构包括(　　)等结构体系。

   A. 框架；抗震墙　　B. 框架—抗震墙　　C. 框架—筒体

D. 框架——支撑体系　　E. 巨型框架体系

4. 地震强度通常用(　　)等反映。

A. 烈度　　B. 震感　　C. 震级

D. 强度　　E. 震源

5. 结构减震控制根据是否需要外部能源输入分为(　　)。

A. 被动控制　　B. 主动控制　　C. 半主动控制

D. 混合控制　　E. 自动控制

三、简答题

1. 构件塑性耗能区应符合哪些规定?

2. 简述钢结构构件的抗震性能化设计的基本步骤和方法。

3. 钢结构的分析模型及其参数应符合哪些规定?

4. 当框架结构塑性耗能区延性等级为Ⅰ级或Ⅱ级时，梁柱刚性节点应符合哪些规定?

5. 简述什么是中心支撑结构。

第8章答案.docx

实训工作单

<table>
<tr><td>班级</td><td></td><td>姓名</td><td></td><td>日期</td><td></td></tr>
<tr><td colspan="2">教学项目</td><td colspan="4">钢结构抗震</td></tr>
<tr><td>学习项目</td><td colspan="2">钢结构抗震性能化设计及基本抗震措施</td><td>学习要求</td><td colspan="2">熟悉钢结构抗震性能化设计、掌握基本抗震措施</td></tr>
<tr><td colspan="3">相关知识</td><td colspan="3">抗震措施、抗震要点</td></tr>
<tr><td colspan="3">其他内容</td><td colspan="3">钢结构抗震</td></tr>
<tr><td colspan="6">学习记录</td></tr>
<tr><td>评语</td><td colspan="3"></td><td>指导老师</td><td></td></tr>
</table>

第9章　钢结构的制作、防腐与防火

【教学目标】

视频　钢结构的制作、防腐与防火.mp4

- 了解钢结构大气腐蚀的机理、影响因素和破坏形式。
- 了解钢结构防腐措施、除锈方法及等级、涂料种类和涂刷方法。
- 了解钢结构防火的重要意义。
- 了解钢结构的防火方法。

【教学要求】

本章要点	掌握层次	相关知识点
钢结构的制作	了解钢结构是制作的过程	钢结构制作工艺流程图
钢结构的大气腐蚀与防腐	熟悉钢结构的防腐	钢结构的大气防腐
钢结构的防火	掌握截流法、熟悉疏导法	防火涂料的防火作用

【案例导入】

随着经济的高速发展，中国建筑钢结构自20世纪90年代以来得到越来越广泛的推广和应用。现代钢结构工程是我国大规模现代化建筑的重要内容。由于钢结构具有自重轻、基础造价低、适合于软地基且安装容易、施工快、周期短、施工污染小、抗震性好等综合优点，所以钢结构建筑被原建设部列为推广项目。但是，近年来钢结构建筑的火灾事故频发，央视新址大火事故再度为人们敲响了警钟。

【问题导入】

分析钢结构防火和防腐的重要性，思考防火防腐的主要方法。

9.1　钢结构的制作

钢结构的制作一般应在专业化的钢结构制造厂进行。这是由钢材的强度高、硬度大和

钢结构的制作精度要求高等特点决定的。在工厂，不但可集中使用高效能的专用机械设备、精度高的工装夹具和平整的钢平台，实现高度机械化和自动化的流水作业，提高劳动生产率，降低生产成本，而且易于满足质量要求。另外还可节省施工现场场地和工期，缩短工程整体建设时间。

1. 钢结构的制作工艺流程

钢结构制造厂一般由钢材仓库、放样房、零件加工车间、半成品仓库、装配车间、涂装车间和成品仓库组成。钢结构的制作工艺流程通常如图 9-1 所示。

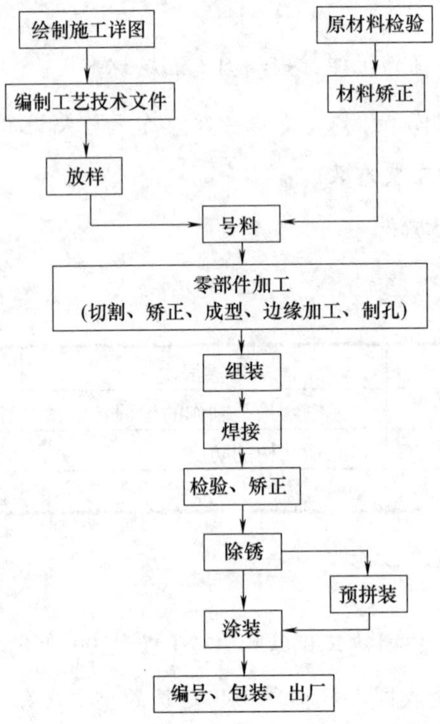

图 9-1　钢结构的制作工艺流程

2. 施工详图绘制

钢结构的初步设计和技术设计通常在设计院、所完成，而进一步深化绘制的施工详图则宜在制造厂进行。厂方根据其加工条件，结合其常用的操作方式，可将施工详图绘制得更具有操作性，以保证质量和提高生产效率。

施工详图绘制现在一般均采用计算机辅助设计，且有专门对框架、门式刚架、网架和桁架等的设计软件。单项工程施工详图的内容应包括：图纸目录、说明书、构件布置图(包括立面图、剖面图、节点图和构件明细表等)和构件详图(包括材料明细表等)。

3. 编制工艺技术文件

根据施工详图和有关规范、规程和标准的要求，制造厂技术管理部门应结合本厂设备和技术等条件，编制工艺技术文件，下达车间，以指导生产。一般工艺技术文件为工艺卡或制作要领书。其内容应包括：工程内容、加工设备、工艺措施、工艺流程、焊接要点、采用规范和标准、允许偏差和施工组织等。另外，还应对质量保证体系制定必要的文件。

4. 放样

根据施工详图，将构件按 1∶1 的比例在样板平台上画出实体大样(包括切割线和孔眼位置)，并用白铁皮或胶合板等材料做成样板或样杆(用于型钢制作的杆件)。放样的尺寸应预留切割、刨边和端部铣平的加工余量以及焊接时的收缩余量。

5. 材料检验及矫正

紧固件.docx

采购的钢材、钢铸件、焊接材料、紧固件(普通螺栓、高强度螺栓、自攻钉、拉铆钉、锚栓、地脚螺栓及螺母和垫圈等配件)等原材料的品种、规格和性能等均应符合现行国家标准和设计要求，并按有关规定进行检验。

当钢材因运输、装卸或切割、加工、焊接过程中产生变形时，应及时进行矫正。矫正方法分冷矫正和热矫正。

冷矫正是利用辊床、矫直机、翼缘矫平机或千斤顶配合专用胎具进行。对小型工件的轻微变形可用大锤敲打。当环境温度 $t<-16$℃(对碳素结构钢)或 $t<-12$℃(对低合金高强度结构钢)时，不应进行冷矫正，以免产生冷脆断裂。

热矫正是利用钢材加热后冷却时产生的反向收缩变形来完成的。加热方法一般使用氧—乙炔或氧—丙烷火焰，加热温度不应超过 900℃。低合金高强度结构钢在加热矫正后应自然缓慢冷却，以防止脆化。

6. 号料

号料是根据样板或样杆在钢材上用钢针画出切割线和用冲钉打上孔眼等的位置。近年来，随着用计算机绘制施工详图和可将加工数据直接输入的数控切割及钻孔等机械的广泛应用，放样和号料等传统工艺已在一些制造厂逐渐减少。

7. 零部件加工

零部件加工一般包括切割、成型、边缘加工和制孔等工序。

1) 切割

切割分机械切割、气割及等离子切割等方法。

(1) 机械分割。

机械切割分剪切和锯切。剪切机械一般采用剪板机和型钢剪切机。剪板机通常可剪切厚度为 12～25mm 的钢板，型钢剪切机则用于剪切小规格型钢。锯切机械一般采用圆盘锯或带锯，其切割能力强，可以将构件锯断。

(2) 气割。

气割是用氧—乙炔或丙烷、液化石油气等火焰加热，使切割处钢材熔化并吹走。气割设备除手工割具外，还有半自动和自动气割机、多头气割机等，且多采用数控，自动化程度高，切割程度可与机床加工件媲美，不仅能切割直线和厚板，还能切割曲线和焊缝坡口(V形、X形)。

(3) 等离子切割。

等离子切割是利用高温高速的等离子弧进行切割。其切割速度快，割缝窄，热影响面小，适合于不锈钢等难熔金属的切割。

2) 成型

按构件的形状和厚度的不同，成型可采用弯曲、弯折和模压等机械。成型时，按是否加热，又分为热加工和冷加工两类。

厚钢板和型钢的弯曲成型一般在三辊或四辊辊床上辊压成型或借助加压机械或模具进行。钢板的弯折和模压成型，一般采用弯折机或压型机。它们多用于薄钢板制作的冷弯型钢或压型钢板(薄钢檩条、彩涂屋面板和墙板、彩板拱型波纹屋面等)。

冷加工成型是指在常温下的加力成型，即使钢材超过其屈服点产生永久变形，故其弯曲或弯折厚度受机械能力的限制，尤其是弯折冷弯型钢时的壁厚不能太厚。但近年来由于设备能力的提高，已可加工厚度达 20mm 钢板。

热加工成型是在冷加工成型不易时，采用加热后施压成型，一般用于较厚钢板和大规格型钢，以及弯曲角度较大或曲率半径较小的工件。热加工成型的加热温度应控制在 900～1030℃。当温度下降至 700℃(对碳素结构钢)或 800℃(对低合金高强度结构钢)之前，应结束加工。因为当温度低于 700℃时，不但加工困难，而且钢材还可能会产生蓝脆现象。

3) 边缘加工

边缘加工按其用途可分为消除硬化边缘或有缺陷边缘、加工焊缝坡口和板边刨平取直等三类。

(1) 消除硬化边缘或有缺陷边缘。

当钢板用剪板机剪断时，边缘材料会产生硬化；当用手工气割时，边缘不平直且有缺陷。它们都会对动力荷载作用下的构件疲劳问题产生不利影响。因此，对重级工作制吊车梁的受拉翼缘板(或吊车桁架的受拉弦杆)有这些情况时，应用刨边机或铣边机沿全长刨(铣)边，以消除不利影响，且刨削量不应小于 2mm。刨边机是利用刨刀沿加工边缘往复运动刨削，可刨直边或斜边。铣边机则是利用铣刀旋转铣削，并可沿加工边缘上下、左右直线运动，其效率更高。

(2) 加工焊缝坡口。

为了保证对接焊缝或对接与角接组合焊缝的质量，需在焊件边缘按接头形状和焊件厚度加工成不同类型的坡口。V 形或 X 形等斜面坡口，一般可用数控气割机一次完成，也可用刨边机加工。J 形或 U 形坡口可采用碳弧气刨加工。它是用碳棒与电焊机直流反接，在引弧后使金属熔化，同时用压缩空气吹走，然后用砂轮磨光。

(3) 刨平取直零件边缘。

对精度要求较高的构件，为了保证零件装配尺寸的准确，或为了保证传递压力的板件端部的平整，均须对其边缘用刨床或铣床刨平取直。

4) 制孔

制孔方式.docx

制孔方法有冲孔和钻孔两种，分别用冲床和钻床加工。

冲孔一般只能用于较薄钢板，且孔径宜不小于钢板厚度。冲孔速度快，效率高，但孔壁不规整，且产生冷作硬化，故常用于次要连接。

钻孔适用于各种厚度钢材，其孔壁精度高。除手持钻外，制造厂多采用摇臂钻床和可同时三向钻多个孔的三维多轴钻床，如和数控相结合，还可和切割等工序组成自动流水线。

8. 组装

组装是将经矫正和检查合格的零、部件组合成构件。

组装一般采用胎架法或复制法。胎架法是将零、部件定位于专用胎架上进行组装。适用于批量生产且精度要求高的构件，如焊接工字形截面(H 形)构件等的组装。复制法多用于双角钢桁架类的组装。操作方法是先在装配平台上用 1∶1 比例放出构件实样，并按位置放上节点板和填板，然后在其上放置弦杆和腹杆的一个角钢，用点焊定位后翻身，即可作为临时胎模。以后其他屋架均可先在其上组装半片屋架，然后翻身再组装另外半片成为整个屋架。

9. 焊接

钢结构制造的焊接多数采用埋弧自动焊，部分焊缝采用气体保护焊或电渣焊，只有短焊缝或不规则焊缝采用手工焊。

埋弧自动焊适用于较长的接料焊缝或组装焊缝，它不仅效率高，而且焊接质量好，尤其是将自动焊与组装合起来的组焊机，其生产效率更高。气体保护焊机多为半自动，焊缝质量好，焊速快，焊后无熔渣，故效率较高。但其弧光较强，且须防风操作。在制作厂一般将其用于中长焊缝。电渣焊是利用电流通过熔渣所产生的电阻热熔化金属进行焊接，它适用于厚度较大钢板的对接焊缝且不用开坡口。其焊缝匀质性好，气孔和夹渣较少。故一般多将其用于厚壁截面，如箱形柱内位于梁的上、下翼缘处的横隔板焊缝等。

焊接完的构件若检验变形超过规定，应予矫正。如焊接 H 形钢翼缘一般在焊后会产生向内弯曲。

10. 预拼装

因受运输或吊装等条件限制，有些构件需分段制作出厂。为了检验构件的整体质量，故宜在工厂先进行预拼装。

预拼装除壳体结构采用立装，且可设一定的卡具或夹具外，其他构件一般均采用在经测量找平的支凳或平台上卧装。卧装时，各构件段应处于自由状态，不得强行固定，不应使用大锤锤击。检查时，应着重整体尺寸、接口部位尺寸和板的安装孔(用试孔器检查通过率)等的允许偏差是否符合《钢结构工程施工质量验收规范》(GB 50205—2001)的要求。

对一些精度要求高的构件，如靠端面承压的承重柱接头，需保证其端面的平整，因此需用端部铣床对其铣端。铣端不仅可保证构件的长度和铣平面的平面度，而且可保证铣平面对构件轴线的垂直度要求。

对构件上的安装孔，宜在构件焊好或预拼装后制孔，并以受力支托(牛腿)的表面或以多节柱的铣平面至第一个安装孔的距离作为主控尺寸，以保证安装尺寸的准确。

11. 除锈和涂装

钢结构的防腐蚀除一些需要长效防腐的结构，如输电塔、桅杆和闸门等采用热浸锌或热喷铝(锌)防腐外，建筑钢结构一般均采用涂装(彩涂钢板是热浸锌加涂层的长效防腐钢板)。

涂装分防腐涂料(油漆类)涂装和防火涂料涂装两种。前者应在构件组装、预拼装或安装完成并经施工质量验收合格后进行，而后者则是在安装完经验收合格后进行。涂装前钢材表面应先进行除锈。在影响钢结构的涂层保护寿命的因素中，几乎一半是取决于除锈的质

量，因此需给予足够重视。

1)　除锈

一般钢结构的最低除锈等级应采用《涂覆涂料前钢材表面处理表面清洁度的目视评定 第 1 部分：未涂覆过的钢材表面和全面清除原有涂层后的钢材表面的锈蚀等级和处理等级》(GB/T 8923.1—2011)中的 sa2、sa2$\frac{1}{2}$和 st2 级。前两者为喷(抛)射除锈等级，后者为手工(钢丝刷)和动力工具(钢丝砂轮等)的除锈等级。对热浸锌或热喷锌、铝的钢结构的除锈等级应采用 sa2$\frac{1}{2}$或 sa3 级。

喷射除锈是采用压缩空气将磨料(石英砂、钢丸、钢丝头等)高速喷出击打钢材表面。抛射除锈则是将磨料经抛丸除锈机叶轮中心吸入，在高速旋转的叶轮尖端抛出，击打钢材表面，其效率高、污染少。

喷(抛)射除锈除可清除钢材表面浮锈外，还可将轧制时附着于钢材表面的氧化铁皮去掉，露出金属光泽，提高除锈质量，故而是除锈方法的首选。手工和动力工具除锈只应作为补充手段。

除锈等级应根据钢结构使用环境选用的涂料品种进行选择。st2 是手工和动力工具除锈的最低等级，一般只适用于湿润性和浸透性较好的油性涂料，如油性酚醛、醇酸等底漆或防锈漆。sa2 是喷射除锈的最低等级，通常适用于常规涂料，如高氯化聚乙烯、氯化橡胶、氯磺化聚乙烯、环氧树脂、聚氨脂等底漆或防锈漆。对高性能防锈涂料如无机富锌、有机硅和过氯化烯等底漆，则应采用 sa2$\frac{1}{2}$除锈等级。

2)　涂装

防腐涂料应根据使用环境选择。不同的使用环境对钢材的腐蚀有着不同的影响，故涂料的选择应有针对性。

防腐涂料有底漆和面漆之分。底漆是直接涂刷于钢材表面。由于钢材经除锈后，表面粗糙程度和表面面积大幅度增加。为了增加涂料与钢材的附着力，底层油漆(底漆)的粉料含量应较多，而基料则较少，这样成膜虽较粗糙，但附着力较强。面漆的基料含量相对较多，故漆膜光泽度高，且能保护底漆不受风化，抵抗锈蚀。底漆和面漆应进行匹配，能够相容。

涂装方法有人工涂刷(用毛刷或辊筒)和喷涂。喷涂的生产效率高，一般采用压缩空气喷咀喷涂和高压无气喷涂两种方法。后者具有涂料浪费少，一次涂层厚度大的优点，对于涂装黏性较大的涂料更具有不可替代的优势。

涂装时的环境温度宜在 5～38℃，湿度不应大于 85%。因为环境温度低于 0℃时，漆膜

容易冻结而使固化化学反应停止(环氧类涂料更明显)。另外，涂装时漆膜的耐热性只在40℃以下，当环境温度高于 43℃时，漆膜容易产生气泡而起鼓。且温度过高，涂料中溶剂挥发将加快。为了便于涂装，需加大稀释剂用量，这也降低漆膜质量。相对湿度超过 85%时，钢材表面一般会产生露水凝结，影响漆膜附着，故亦不适宜涂装。还需注意涂装后 4h内严防淋雨，因漆膜尚未固化。

涂装时应留出高强度螺栓的摩擦面和安装焊缝的焊接部位，不得误涂。

12. 编号、包装和出厂

涂装完的构件应按施工详图在构件上做出明显标志、标记和编号。预拼装构件还应标出分段编号、方向、中心线和标高等。对于重大构件应标出外形尺寸、重量和起吊位置等，以便于运输和安装。对于刚度较小或易于变形的构件应采取临时加固和保护措施(如大直径钢管的两端宜加焊撑杆、接头的坡口突缘和螺纹等部位应加包装)，以防变形和碰伤。对零散部件应加以包装和绑扎，并填写包装清单。

运输装车应绑扎牢靠，垫木位置应放置正确平稳，且不得超高、超宽和超长。

9.2 钢结构的大气腐蚀与防腐

音频 钢结构大气腐蚀的机理、影响因素和破坏形式.mp3

9.2.1 钢结构的大气腐蚀

1. 大气腐蚀的机理

钢结构的腐蚀环境主要为大气腐蚀，大气腐蚀是金属处于表面水膜层下的电化学腐蚀过程。这种水膜实质上是电解质水膜，它是由于空气中相对湿度大于一定数值时，空气中的水汽在金属表面吸附凝聚及溶有空气中的污染物而形成的，电化学腐蚀的阴极是氧去极化作用过程，阳极是金属腐蚀过程。

在大气环境下的金属腐蚀，如表 9-1 所示，由于表面水膜很薄，氧气很容易达到阴极表面，氧的平衡电位较低，金属在大气中腐蚀的阴极反应为氧去极化作用过程。

在大气中腐蚀的阳极过程随水膜变薄会受到较大阻碍，此时阳极易发生钝化，金属离子水化作用会受阻。

可以看出，在潮湿环境中，大气腐蚀速度主要由阴极过程控制；当金属表面水膜很薄或气候干燥时，金属腐蚀速率变慢，其腐蚀速度主要受阳极过程控制。

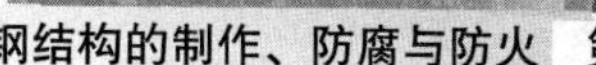

表 9-1　金属在大气中的腐蚀

阴极反应	在中性和碱性水膜中	$O_2+2H_2O+4e \rightarrow 4OH^-$
	在弱酸水膜(酸雨)中	$O_2+2H^++4e \rightarrow 2H_2O$
阳极反应	$M+xH_2O \rightarrow Mn^+ \cdot xH_2O+ne$ M 代表腐蚀的金属 Mn^+为 n 价金属离子 $Mn^+ \cdot xH_2O$ 为金属离子水化合物	

2. 大气腐蚀的影响因素

1)　空气中的污染源

大气的主要成分是不变的，但是污染的大气中含有的硫化物、氮化物、碳化物以及尘埃等污染物，对金属在大气中的腐蚀影响很大。

二氧化硫(SO_2)吸附在钢铁表面，极易形成硫酸而对钢铁进行腐蚀。这种自催化式的反应不断进行就会使钢铁不断受到腐蚀。与干净大气的冷凝水相比，被 0.1%的二氧化硫所污染的空气能使钢铁的腐蚀速度增加五倍。

来自沿海或海上的盐雾环境或者是含有氯化钠颗粒尘埃的大气是氯离子的主要来源，它们溶于钢铁的液膜中，而氯离子本身又有着极强的吸湿性，对钢铁会造成极大的腐蚀危害。

有些尘埃本身虽然没有腐蚀性，但是它会吸附腐蚀性介质和水汽，冷凝后就会形成电解质溶液。沙粒等固体尘埃虽然没有腐蚀性，也没有吸附性，但是一旦沉降在钢铁表面会形成缝隙而凝聚水分，从而形成氧浓差腐蚀条件，引起缝隙腐蚀。

2)　相对湿度

空气中的水分在金属表面凝聚而生成的水膜和空气中的氧气通过水膜进入金属表面是发生大气腐蚀的最基本的条件。相对湿度达到某一临界点时，水分在金属表面形成水膜，从而促进了电化学过程的发展，表现出腐蚀速度迅速增加。这个临界点与钢材表面状态和表面上有无吸湿物有很大关系，如表 9-2 所示。

表 9-2　钢材表面形成水膜的空气相对湿度临界值

表面状态	临界湿度(%)	表面状态	临界湿度(%)
干净表面在干净的空气中	接近 100	干净表面在含氧化硫 0.01%的空气中	70
二氧化硫处理过的表面	80	在 3%氯化钠溶液中浸泡过的表面	55

从上表可以看出，当空气被污染或者在沿海地区，空气中含盐分，临界湿度都很低，

钢铁表面很容易形成水膜。

3) 温度

环境温度的变化会影响金属表面水汽的凝聚，也会影响水膜中各种腐蚀气体和盐类的浓度、水膜的电阻等。当相对湿度低于金属临界相对湿度时，温度对大气的腐蚀影响较小；而当相对湿度达到金属临界相对湿度时，温度的影响就会十分明显。湿热带或雨季气温高，则腐蚀严重。温度的变化还会引起结露。比如，白天温度高，空气中相对湿度较低，夜晚和清晨温度下降后，大气的水分就会在金属表面引起结露。

3. 大气腐蚀的破坏形式

大气腐蚀的主要破坏形式可以分为两大类，即全面腐蚀和局部腐蚀。全面腐蚀又称为均匀腐蚀，局部腐蚀则又可分为点蚀、缝隙腐蚀、电偶腐蚀、晶间腐蚀、选择性腐蚀、应力腐蚀和腐蚀疲劳等。下面介绍几种钢结构建筑中常见的腐蚀形式。

1) 均匀腐蚀

均匀腐蚀是最常见的腐蚀形态，其特征是腐蚀分布于整个金属表面，并以相同的速度使金属整体厚度减小。在一般情况下，大气腐蚀多数表现为均匀腐蚀，但大气腐蚀并不都是均匀腐蚀；均匀腐蚀的电化学过程特点是腐蚀原电池的阴、阳面积非常小，甚至用微观方法也无法辨认出来，而且无数微阴极与微阳极的位置是变幻不定的，不断交替和重复进行。均匀腐蚀发生在整个金属表面都处于水膜电解质活化状态，表面各部位随时都有能量起伏变化，能量高的部位为阳极，能量低的部位为阴极，使整个金属表面发生腐蚀。均匀腐蚀造成大量金属损失，但这类腐蚀并不可怕。由于腐蚀速度均匀，可以容易地进行预测和防护，只要进行严格的工程设计和采取合理的防腐蚀措施，不会发生突然性的腐蚀事故。

2) 点蚀

点蚀是局部性腐蚀状态，可以形成大大小小的孔眼，但绝大多数情况下是相对较小的孔隙。这种腐蚀破坏主要集中在某些活性点上，并向金属内部深处发展。其腐蚀深度要大于孔径。点蚀是大多数内部腐蚀形态的一种，即使是很少的金属腐蚀也会引起设备的报废。

防止点蚀的发生，主要是选用高铬量或同时含有大量钼、氮和硅等合金元素的耐海水不锈钢。要选用高纯度的不锈钢，因为钢中含硫和碳等极少，提高了耐腐蚀性能。碳钢要防止点蚀发生，方法也是提高钢的纯度。

3) 缝隙腐蚀

缝隙腐蚀是因金属与金属、金属与非金属相连接时表面存在缝隙，在有腐蚀介质存在时发生的局部腐蚀形态。

缝隙腐蚀发生的部位如下。

(1) 金属与金属之间的连接处。金属铆接部位、焊接部位和螺纹连接部位等。

(2) 金属与非金属之间的连接处。金属与有机涂层、塑料、橡胶、木材、混凝土、石棉和织物连接部位等。

(3) 金属腐蚀产物和灰尘、沙粒、盐分等沉积物或附着物聚积在金属表面，造成聚积物与金属界面间的腐蚀现象。

具有缝隙是缝隙腐蚀发生的条件，缝宽必须能容纳腐蚀介质进入缝隙内，同时缝隙又必须窄到让腐蚀介质停滞在缝隙内，一般发生缝隙腐蚀最敏感的缝隙宽度在 0.025～0.1mm 范围内。

缝隙腐蚀的机理为腐蚀介质进入缝隙内，由于闭塞电池效应，缝隙内外腐蚀介质浓度不一致产生浓差极化，缝隙内部氧浓度低于外部而成为阳极区，腐蚀集中于缝隙周围。腐蚀产物的累积或腐蚀介质的继续浸入，使得此处缝隙腐蚀进一步向纵深发展。缝隙腐蚀介质可以是酸性、中性或碱性等任何侵蚀性溶液。当有氯离子存在于缝隙腐蚀介质中时，最容易产生缝隙腐蚀，如在海洋环境下氯离子含量丰富，此时的缝隙腐蚀危害极大，对金属结构性安全构成较大威胁。

4) 应力腐蚀

应力腐蚀是指在拉伸应力和腐蚀环境介质共同作用产生的腐蚀现象。这里强调的是应力和腐蚀的共同作用。因为仅就产生应力腐蚀的介质来说，一般都不是腐蚀性的，至多也只是很轻微的腐蚀性。如果没有任何应力存在，大多数材料在这种环境介质下都认为是耐腐蚀的；单独考虑应力的影响时，发生应力腐蚀破坏的应力通常是很小的，假如不是处在腐蚀环境中，这样小的应力是不会使材料和结构发生机械破坏的。

一般认为发生应力腐蚀需要具备以下三个基本条件。

(1) 敏感的材料。

(2) 特定的腐蚀环境。

(3) 拉伸应力。

表 9-3 为几种金属合金材料发生应力腐蚀的环境。

表 9-3 几种金属合金材料发生应力腐蚀的环境

材 料	应力腐蚀环境
普通碳钢	氢氧化物溶液、含有硝酸根、碳酸根、硫化氢的水溶液，海水、海洋大气和工业大气，硫酸—硝酸混合液，熔化的锌和锂，热的三氯化铁溶液，氯离子环境，水蒸气等

续表

材　料	应力腐蚀环境
高强度钢	酸性和中性氯化物溶液，海水，熔融氯化物，热的氟化物，碱溶液，高温
奥氏体不锈钢	高压水
铝合金	潮湿空气、海洋性和工业性大气海水及含氯化物的水溶液，汞
镁合金	氟化物，工业和海洋大气，蒸馏水，氯化钠—铬酸钾溶液
钛合金	发烟硝酸，海水、盐酸，300℃以上的氯化物，潮湿空气，汞

钢材的锈蚀主要是由于大气中氧、水分及其他杂质的作用引起的，如果钢材在施工时除锈或防锈技术不好，或结构在使用中防锈层失效而出现锈层，由于钢材和锈层具有不同的电位，一旦出现锈层，会加速腐蚀作用。日本曾对不涂防护层的低碳钢挂片试验，根据年平均锈蚀速度推算，沿海地区和重工业区内在 8.4～16.8 年时间内，就将锈蚀 1mm 厚的钢板。美国的挂片试验也表明，没有涂层的两面外露的钢材在大气中的锈蚀也相当 8.5 年为 lmm。而一般的钢材即使进行了防锈处理也不能完全解决问题。所以发达的工业国家对于钢材的防锈给予了极大的关注，对于已建成的钢结构根据其所处环境定期进行维护。如发现有严重的锈蚀现象，应及时测定构件的欠损值，并计算抗力下降系数，对构件或整体结构进行校核。

$$\text{抗力下降系数}=\left(1-\frac{\text{现存端面抗力}}{\text{原设计端面抗力}}\right)\times 100\% \tag{9-1}$$

如果有下列情况，应该重点检查结构强度。

(1) 空气中相对湿度大于 70%的地方。

(2) 高温而又潮湿的车间。

(3) 大气中二氧化硫；氧化氮和一氧化碳等较浓的地区及有酸雨地区。

(4) 沿海地区特别是盐雾较浓地区。

(5) 由于温差较大，结构上出现结露(冷凝水)地方。

(6) 结构上积有灰尘和微粒的部位。

(7) 热处理过的部件。

(8) 防锈材料发生腐蚀变质现象的部位。

9.2.2 钢结构的防腐

钢结构的防腐方法一般有两种：一是改变钢材的组织结构，在钢材冶炼过程中加入铜、镍、铬和锡等元素，提高钢材的抗腐蚀能力；二是在钢材表面覆盖各种保护层，把钢材与腐蚀介质隔离。第一种方法造价较高，使用范围较小，例如不锈钢；第二种方法造价较低，效果较好，应用范围广。

覆盖的保护层分为金属保护层和非金属保护层两种，可通过化学方法、电化学方法和物理方法实现。要求保护层致密无孔，不透过介质，同时与基体钢材结合强度高，附着黏结力强，硬度高、耐磨性好，且能均匀分布。对于金属保护层，可采用电镀、热浸、扩散、喷镀和复合金属等方法实现，如常用的镀锌檩条和彩色压型钢板等。对于非金属覆盖层，又可分为有机和无机两种，工程中常用有机涂料进行涂装。其施工过程分为表面除锈和涂料施工两道工序。涂料和除锈等级以及防腐蚀构造要求应符合现行国家标准《工业建筑防腐蚀设计规范》(GB 50046—2008)和《涂覆涂料前钢材表面处理 表面清洁度的目视评定第 1 部分：未涂覆过的钢材表面和全面清除原有涂层后的钢材表面的锈蚀等级和处理等级》(GB/T 8923.1—2011)的规定。

1. 除锈方法

钢材的除锈好坏，是关系到涂料能否获得良好防护效果的关键因素之一，但这点往往被施工单位忽略。如果除锈不彻底，将严重影响涂料的附着力，并使漆膜下的金属继续生锈扩展，使涂层破坏失效。因此，必须彻底清除金属表面的铁锈、油污和灰尘等，使金属表面露出灰白色，以增强漆膜与构件的黏结力。目前除锈的方法主要有 4 种。

手工除锈.docx

音频 钢结构的除锈方法以及等级.mp3

1) 手工除锈

手工除锈工效低，除锈不彻底，影响油漆的附着力，使结构容易透锈。这种除锈方法仅在条件有限时采用，要求认真细致，直到露出金属表面为止。人工除锈应满足表 9-4 的质量标准。

表 9-4 人工除锈质量分级

级 别	钢材除锈表面状态
st2	彻底用铲刀铲刮，用钢丝刷擦，用机械刷子刷擦和砂轮研磨等。除去疏松的氧化皮、锈和污物，最后用清洁干燥的压缩空气或干净的刷子清理表面，表面应具有淡淡的金属光泽
st3	非常彻底地用铲刀铲刮，用钢丝刷擦或用机械刷子擦和砂轮研磨等。表面除锈要求与 st2 相同，但更为彻底，除去灰尘后，该表面应具有明显的金属光泽

2) 喷砂和喷丸除锈

将钢材或构件通过喷砂机将其表面的铁锈清除干净，露出金属本色。这种除锈方法比较彻底、效率较高，目前已经普遍采用。喷砂除锈应满足表 9-5 的质量标准。

表 9-5　喷砂除锈质量分级

级　别	钢材除锈表面状态
sa1	轻度喷射除锈，应除去疏松的氧化皮、锈和污物
sa2	彻底地喷射除锈，应除去几乎所有的氧化皮、锈和污物，最后用清洁干燥的压缩空气或干净的刷子清理表面，表面应稍呈灰色
sa2$\frac{1}{2}$	非常彻底地喷射除锈，达到氧化皮、锈和污物仅剩轻微点状或条状痕迹的程度，除去灰尘后，该表面应具有明显的金属光泽，最后用清洁干燥的压缩空气或干净的刷子清理表面
sa3	喷射除锈到出白，应完全除去氧化皮、锈和污物，最后表面用清洁干燥的压缩空气或干净的刷子清理，该表面应具有均匀的金属光泽

3)　酸洗除锈

将构件放入酸洗槽内，除去油污和铁锈，使其表面全部呈铁灰色。酸洗后必须清洗干净，保证钢材表面无残余酸液存在。为防止构件酸洗后再度生锈，可采用压缩空气吹干后立即涂一层硼钡底漆。

4)　酸洗磷化处理

构件酸洗后，再用 2%左右的磷酸作磷化处理。处理后的钢材表面有二层磷化膜，可防止钢材表面过早返锈，同时能与防腐涂料结合紧密，提高涂料的附着力，从而提高其防腐性能。其工艺过程为：去油→酸洗→清洗→中和→清洗→磷化→热水清洗→涂油漆。

综合来看，除锈效果以酸洗磷化处理效果最好，喷砂除锈和酸洗除锈次之，人工除锈最差。

2. 防锈涂料的选取

涂料(俗称油漆)是一种含油或不含油的胶体溶液，涂在构件表面上后，可以结成一层薄膜来保护钢结构。防腐涂料一般由底漆和面漆组成，底漆主要起防锈作用，故称防锈底漆，它的漆膜粗糙，与钢材表面附着力强，并与面漆结合良好。面漆主要是保护下面的底漆，对大气和湿气有抗气候性和不透水性，它的漆膜光泽，既增加建筑物的美观，又有一定的防锈性能，并增强对紫外线的防护。涂料的选择以货源广和成本低为前提，选取时应注意以下问题。

(1)　根据结构所处的环境，选择合适的涂料。即根据室内外的温度和湿度、侵蚀介质的种类和浓度，选用涂料的品种。对于酸性介质，可采用耐酸性好的酚醛树脂漆；对于碱性介质，则应选用耐碱性好的环氧树脂漆。

(2)　注意涂料的正确配套，使底漆和面漆之间有良好的黏结力。

(3)　根据结构构件的重要性(是主要承重构件或次要构件)分别选用不同品种的涂料，或用相同品种的涂料调整涂覆层数。

(4) 考虑施工条件的可能性，采用刷涂或喷涂方法。

(5) 选择涂料时，除考虑结构使用性能、经济性和耐久性外，尚应考虑施工过程中的稳定性、毒性以及需要的温度条件等。此外，对涂料的色泽也应予以注意。

建筑钢结构常用的底漆和面漆分别如表 9-6 和表 9-7 所示。

表 9-6 常用的防锈漆

名 称	型 号	性 能	使用范围	配套要求
红丹油性防锈漆	Y53-1	防锈能力强，漆膜坚韧，施工性能好，但干燥速度较慢	室内外钢结构防锈打底用，但不能用于有色金属铝和锌等表面，它们有电化学作用	与油性瓷漆、酚醛瓷漆或醇酸瓷漆配套使用，不能与过氯乙烯漆配套
铁红油性防锈漆	Y53-2	附着力强，防锈性能仅次于红丹油性防锈漆，耐磨性差	适用于防锈要求不高的钢结构表面防锈打底	与酯胶瓷漆和酚醛瓷漆配套使用
红丹酚醛防锈漆	F53-1	防锈性能好，漆膜坚固，附着力强，干燥较快	同红丹油性防锈漆	与酚醛瓷漆和醇酸瓷漆配套使用
铁红酚醛防锈漆	F53-3	附着力强，漆膜较软，耐磨性差，防锈性能不如红丹酚醛防锈漆	适用于防锈要求不高的钢结构表面防锈打底	与酚醛瓷漆配套使用
红丹醇酸防锈漆	C53-1	防锈性能好，漆膜坚固，附着力强，干燥较快	同红丹油性防锈漆	与醇酸瓷漆、酚醛瓷漆和酯胶瓷漆等配套使用
铁红醇酸底漆	C06-1	具有良好的附着力和防锈性能，在一般气候下耐久性好，但在湿热性气候和潮湿条件下耐久性差些	适用于一般钢结构表面防锈打底	与醇酸瓷漆、硝基瓷漆和过氯乙烯瓷漆等配套使用
各色硼钡酚醛防锈漆	F53-9	具有良好的抗大气腐蚀性能，干燥快，施工方便；逐步取代一部分红丹防锈漆	适用于室内外钢结构防锈打底	与酚醛瓷漆、醇酸瓷漆等配套使用
乙烯磷化底漆	X06-1	对钢材表面附着力极强，在表面形成钝化膜，延长有机涂层的寿命	适用于钢结构表面防锈打底，可省去磷化和钝化处理，不能代替底漆使用。增强涂层附着力	不能与碱性涂料配套使用

续表

名 称	型 号	性 能	使用范围	配套要求
铁红过氯乙烯底漆	G06-4	有一定的防锈性及耐化学性，但附着力不太好，与乙烯磷化底漆配套使用可耐海洋性和湿热性气候	适用于沿海地区和湿热条件下的钢结构表面防锈打底	与乙烯磷化底漆和过氯乙烯防腐漆配套使用
铁红环氧酯底漆	H06-2	漆膜坚韧耐久，附着力强，耐化学腐蚀，绝缘性良好。与磷化底漆配套使用，可提高漆膜的防潮，防盐雾及防锈性能	适用于沿海地区和湿热条件下的钢结构表面防锈打底	与磷化底漆和环氧瓷漆、环氧防腐漆配套使用

表 9-7　常用面漆

名 称	型 号	性 能	使用范围	配套要求
各色油性调和漆	Y03-1	耐候性较酯胶调和漆好，但干燥时间较长，漆膜较软	适用于室内一般钢结构	—
各色酯胶调和漆	T03-1	干燥性能比油性调和漆好，漆膜较硬，有一定的耐水性	用作一般钢结构的面漆	—
各色酚醛瓷漆	F04-1	漆膜坚硬，有光泽，附着力较好，但耐候性较醇酸瓷漆差	用作室内一般钢结构的面漆	与红丹防锈漆、铁红防锈漆配套使用
各色醇酸瓷漆	C04-42	具有良好的耐候性和较好的附着力；漆膜坚韧，有光泽	用作室外钢结构面漆	先涂 1～2 道 C06-1 铁红醇酸底漆，再涂 C06-10 醇酸底漆两道，再涂该漆
各色纯醇酸酚醛漆	F04-11	漆膜坚硬，耐水性、耐候性及耐化学性均比 F04-1 酚醛瓷漆好	用作防潮和干湿交替的钢结构面漆	与各种防锈漆、酚醛底漆配套使用
灰酚醛防锈漆	F53-2	耐候性较好，有一定的防水性能	适用于室内外钢结构面漆	与红丹或铁红类防锈漆配套使用

3. 涂料施工方法及涂层厚度

涂料施工气温应在 15～35℃，且宜在天气晴朗、通风良好、干净的室内进行。钢结构的底漆一般在工厂里进行，待安装结束后再进行面漆施工。涂料施工一般可以分为涂刷法和喷涂法两种。

1) 涂刷法

涂刷法是用漆刷将涂料均匀地涂刷在结构表面，涂刷时应达到漆膜均匀、色泽一致、无皱皮、流坠及分色线清楚整齐的要求。这是最常用的施工方法之一。

2) 喷涂法

喷涂法是将涂料灌入高压空气喷枪内，利用喷枪将涂料喷涂在构件的表面上，这种方法效率高、速度快、施工方便。涂装的厚度按结构使用要求取用，无特殊要求时可按表 9-8 选用。

表 9-8 涂装厚度

涂层等级	控制厚度/m
一般性涂层	80～100
装饰性涂层	100～150

4. 构造要求

(1) 钢结构除必须采取防锈措施外，尚应在构造上尽量避免出现难于检查、清刷和油漆之处以及能积留湿气和大量灰尘的死角或凹槽。闭口截面构件应沿全长和端部焊接封闭。

(2) 设计使用年限大于或等于 25 年的建筑物，对使用期间不能重新油漆的结构部位应采取特殊的防锈措施。

(3) 柱脚在地面以下的部分应采用强度等级较低的混凝土包裹(保护层厚度不应小于 50mm)，并应使包裹的混凝土高出地面不小于 150mm。当柱脚底面在地面以上时，则柱脚底面应高出地面不小于 100mm。

【案例 9-1】2010 年以前，我国钢结构防腐涂料系列标准存在国际标准转化率低、方法标准建设缓慢、新产品标准缺少，技术内容滞后、水平偏低、适用性差的特点，不满足行业快速发展的需求。

“十三五”期间，通过加快 ISO 国际标准转化为我国国家标准以及快速推进各类热点、新型产品行业标准的制(修)订，基本建成了钢结构防腐涂料的标准评价体系，极大地推动了行业的发展，对提高我国防腐涂料产品与涂装技术水平和我国涂装行业在国际市场的竞争能力具有重要意义。

结合上文分析钢结构防腐的重要性及防腐措施。

9.3 钢结构的防火

由于钢结构耐火能力差，在发生火灾时因高温作用下很快失效倒塌，耐火极限仅 15 分钟。若采取措施，对钢结构进行保护，使其在火灾时温度升高不超过临界温度，钢结构在火灾中就能保持稳定性。进行钢结构防火具有的意义如下。

音频 钢结构的防火方法和分类.mp3

(1) 减轻钢结构在火灾中的破坏，避免钢结构在火灾中局部倒塌造成灭火及人员疏散的困难，钢结构的防火保护的目的是尽可能延长钢结构到达临界温度的过程，以争取时间灭火救人。

(2) 避免钢结构在火灾中整体倒塌造成人员伤亡。

(3) 减少火灾后钢结构的修复费用，缩短灾后结构功能的恢复周期，减少间接经济损失。

正是由于钢结构的应用广泛和火灾危害，人们在学会使用钢结构的同时，也在不断研究探求钢结构防火保护的最佳方案。目前，钢结构的防火保护有多种方法，这些方法有被动防火法：钢结构防火涂料保护、防火板保护、混凝土防火保护、结构内通水冷却和柔性卷材防火保护等，它们为钢结构提供了足够的耐火时间，从而受到人们的普遍欢迎，而以前三种方法应用较多。另一种为主动防火法，就是提高钢材自身的防火性能(如耐火钢)或设置结构喷淋。

选择钢结构的防火措施时，应考虑下列因素。

(1) 钢结构所处部位，需防护的构件性质(如屋架、网架或梁、柱)。

(2) 钢结构采取防护措施后结构增加的重量及占用的空间。

(3) 防护材料的可靠性。

(4) 施工难易程度和经济性。

无论用混凝土，还是防火板保护钢结构，达到规定的防火要求都需要相当厚的保护层，这样必然会增加构件质量和占用较多的室内空间；另外，对于轻钢结构、网架结构和异形钢结构等，采用这两种方法也不适合。在这种情况下，采用钢结构防火涂料较为合理。钢结构防火涂料施工简便，无须复杂的工具即可施工，重量轻及造价低，而且不受构件的几何形状和部位的限制。

对钢结构采取的保护措施，从原理上来讲，主要可划分为两种：截流法和疏导法，如表 9-9 所示。

表 9-9　截流法和疏导法的特点比较

防火方法		原　理	保护用材料	适用范围
截流法	喷涂法	用喷涂机具将防火涂料直接喷涂到构件的表面	各种防火涂料	任何钢结构
截流法	包封法	用耐火材料把构件包裹起来	防火板材、混凝土、砖和砂浆	钢柱和钢梁
	屏蔽法	把钢构件包藏在耐火材料组成的墙体或吊顶内	防火板材	钢屋盖
	水喷淋	设喷淋管网，在构件表面形成	水	大空间
疏导法	充水冷却法	蒸发消耗热量或通过循环把热量导走	充水循环	钢柱

9.3.1 截流法

截流法的原理是截断或阻滞火灾产生的热流量向构件的传输，从而使构件在规定的时间内温升不超过其临界温度。其做法是构件表面设置一层保护材料，火灾产生的高温首先传给这些保护材料，再由保护材料传给构件。由于所选材料的导热系数较小，而热容又较大，所以能很好地阻滞热流向构件的传输，从而起到保护作用。截流法又可分为喷涂法、包封法、屏蔽法和水喷淋法。由上述可知，这些方法的共同特点是设法减少传到构件的热流量，因而称为截流法。

1. 喷涂法

喷涂法是用喷涂机具将防火涂料直接喷在构件表面，形成保护层。喷涂法适用范围最为广泛，可用于任何一种钢构件的耐火保护。

2. 包封法

包封法就是在钢结构表面做耐火保护层，将构件包封起来，其具体做法如下。

1)　用现浇混凝土做耐火保护层

所使用的材料有混凝土、轻质混凝土及加气混凝土等。这些材料既有不燃性，又有较大的热容量，用作耐火保护层能使构件的升温减缓。由于混凝土的表层在发生火灾时的高温下易于剥落，可在钢材表面加敷钢丝网，进一步提高其耐火的性能。

2)　用砂浆或灰胶泥作耐火保护层

所使用的材料一般有砂浆、轻质岩浆、珍珠岩砂浆或灰胶泥、蛭石砂浆或石灰胶泥等。上述材料均有良好的耐火性能，其施工方法常为金属网上涂抹上述材料。

3) 用矿物纤维

其材料有石棉、岩棉及矿渣棉等。具体施工方法是将矿物纤维与水泥混合，再用特殊喷枪与水的喷雾同时向底部喷涂，构成海绵状的覆盖层，然后抹平或任其呈凹凸状。上述方式可直接喷在钢构件上，也可以向其上的金属网喷涂，以后者效果较好。

4) 用轻质预制板作耐火保护层

所用材料有轻质混凝土板、泡沫混凝土板、硅酸钙成型板及石棉成型板等，其做法是以上述预制板包覆构件，板间连接可采用钉合及黏合剂黏合。这种构造方式施工简便而工期较短，并有利工业化。同时，承重(钢结构)与防火(预制板)的功能划分明确，火灾后修复简便，且不影响主体结构的功能，因而，具有良好的复原性。

作为钢结构直接包敷保护法的一种，防火板保护钢结构早已在建筑工程中应用。早期使用的防火保护板材主要有蛭石混凝土板、珍珠岩板、石棉水泥板和石膏板，还有的是采用预制混凝土定型套管。板材通过水泥砂浆灌缝、抹灰与钢构件固定，或以合成树脂黏结，也可采用钉子或螺丝固定。这些传统的防火板材虽能在一定程度上提高钢结构的耐火时间，但存在着明显的不足。由此，人们只好把重点投向防火涂料，板材保护法因而发展缓慢。

3. 屏蔽法

屏蔽法是把钢结构包藏在耐火材料组成的墙体或吊顶内，在钢梁、钢屋架下作耐火吊顶，火灾时可以使钢梁和钢屋架的升温大为延缓，大大提高钢结构的耐火能力，而且这种方法还能增加室内的美观，但要注意吊顶的接缝和孔洞处应严密，防止蹿火。

4. 水喷淋法

水喷淋法是在结构顶部设喷淋供水管网，火灾时，会自动启动(或手动)开始喷水，在构件表面形成一层连续流动的水膜，从而起到保护作用。

9.3.2 疏导法

与截流法不同，疏导法允许热量传到构件上，然后设法把热量导走或消耗掉，同样可使构件温度不至升高到临界温度，从而起到保护作用。

疏导法目前主要是充水冷却保护这一种方法，典型的案例是在美国匹兹堡 64 层的美国钢铁公司大厦上的应用，它的空心封闭截面中(主要是柱)充满水，发生火灾时构件把从火场中吸收的热量传给水，依靠水的蒸发消耗热量或通过循环把热量导走，构件温度便可保持在 100℃左右。从理论上讲，这是钢结构保护最有效的方法。该系统工作时，构件相当于盛满水被加热的容器，像烧水锅炉一样工作。只要补充水源，维持足够水位，而水的比热和汽化热又较大，构件吸收的热量将源源不断地被耗掉或导走。冷却水可由高位水箱或供水管网或消防车来补充，水蒸气由排气口排出。当柱高度过高时，可分为几个循环系统，以防止柱底水压过大，为防止锈蚀或水的结冰，水中应掺加阻锈剂和防冻剂。水冷却法既可单根柱自成系统，又可多根柱联通。前者仅依靠水的蒸发耗热，后者既能蒸发散热，还能借水的温差形成循环，把热量导向非火灾区温度较低的柱。由于这种方法对于结构设计有专门要求，目前实际应用很少。

9.3.3 防火涂料的防火作用

在上面讲述的各类防火方法中，采用防火涂料进行阻燃的方法被认为是有效的措施之一，钢结构防火涂料在 90%钢结构防火工程中发挥着重要的保护作用。将防火涂料涂敷于材料表面，除具有装饰和保护作用外，由于涂料本身的不燃性和难燃性，能阻止火灾发生时火焰的蔓延和延缓火势的扩展，较好地保护了基材。钢结构防火涂料按所使用的基料的不同可分为有机防火涂料和无机防火涂料两类，按涂层厚度分为超薄型、薄涂型和厚涂型三类。薄涂型钢结构涂料涂层厚度一般为 2～7mm，有一定装饰效果，高温时涂层膨胀增厚，具有耐火隔热作用，耐火极限可达 0.5～1.5 小时，这种涂料又称钢结构膨胀防火涂料。厚涂型钢结构防火涂料厚度一般为 8～20mm，粒状表面，密度较小，导热系数低，耐火极限可达 0.5～3.0 小时，这种涂料又称钢结构防火隔热涂料。

在喷涂钢结构防火涂料时，喷涂的厚度必须达到设计值，节点部位宜适当加厚，当遇有下列情况之一时，涂层内应设置与钢结构相连的钢丝网，以确保涂层牢固。

(1) 承受冲击振动的梁。

(2) 设计层厚度大于 40mm。

(3) 粘贴强度小于 0.05MPa 的涂料。

(4) 腹板高度大于 1.5m 的梁。

钢结构防火涂料的防火原理可从三个方面说明：一是涂层对钢基材起屏蔽作用，使钢结构不至于直接暴露在火焰高温中；二是涂层吸热后部分物质分解放出的水蒸气或其他不燃气体，起到消耗热量、降低火焰温度和燃烧速度、稀释氧气的作用；三是涂层本身多孔轻质和受热后形成炭化泡沫层，阻止了热量迅速向钢基材传递，推迟了钢基材强度的降低，从而提高了钢结构的耐火极限。

【案例 9-2】以钢结构为主体的建筑已逐步成为现代空间结构发展的主流，钢结构建筑材料被广泛应用于超高层建筑、大跨度空间结构、桥梁、高塔、房屋等工程建设中，体现了一个国家的建筑科技水平、材料工业水平和综合技术水平。从20世纪的北京人民大会堂、首都机场、上海东方明珠电视塔，到21世纪的北京2008年奥运会主体育场“鸟巢”都是我国钢结构建筑发展历史上的里程碑。

但是，随着钢结构建筑材料的广泛运用，人们发现用这种材料建成的大厦一旦遇到火灾，非常容易倒塌，钢材料的耐高温性能很差，带来的灾难就是致命的。美国世贸大厦受到恐怖飞机袭击后整栋大楼倒塌就是一个明证，这无疑更加引起了人们对钢结构建筑物火灾防范提高了警惕。

结合上文分析钢结构的防火方法与措施及常用的防火涂料。

本章小结

本章阐述了钢结构的制作、钢结构的大气腐蚀与防腐、钢结构的防火等相关知识。主要知识点有钢结构的制作、钢结构的大气腐蚀、钢结构的防腐、钢结构的防火、防火涂料的防火作用等。希望学生们通过本章的学习，为以后相关钢结构的制作、防腐与防火的学习和工作打下坚实的基础。

实训练习

一、单选题

1. 放样是指根据施工详图，将构件按(　　)的比例在样板平台上画出实体大样。

A. 1∶2　　B. 1∶1　　C. 1∶100　　D. 1∶1000

2. 钢结构的腐蚀环境主要为(　　)。

A. 大气腐蚀　　B. 细菌腐蚀　　C. 缝隙腐蚀　　D. 应力腐蚀

3. 在潮湿环境中，大气腐蚀速度主要由(　　)过程控制。

A. 阴极　　B. 阳极　　C. 放电　　D. 放热

4. 对钢结构采取的保护措施，从原理上来讲，主要可划分为两种：(　　)和疏导法。

A. 水喷淋法　　B. 屏蔽法　　C. 包封法　　D. 截流法

5. 酸洗除锈是指将构件放入酸洗槽内，除去油污和铁锈，使其表面全部呈(　　)。

A. 银白色　　B. 橘红色　　C. 铁灰色　　D. 铁青色

二、多选题

1. 按照厚度划分，钢结构防火材料可分为(　　)。

A. A 类　　B. CB 类　　C. B 类

D. H 类　　E. AB 类

2. 当钢材因运输、装卸或切割、加工、焊接过程中产生变形时，应及时进行矫正。矫正方法分(　　)。

A. 冷矫正　　B. 热矫正　　C. 物理矫正

D. 化学矫正　　E. 机械矫正

3. 防火涂料施工一般可以分为(　　)两种。

A. 喷涂法　　B. 浸漆　　C. 涂刷法

D. 淋涂法　　E. 丝网刮涂

4. 以下(　　)是钢结构的被动防火法。

A. 钢结构防火涂料保护　　B. 防火板保护

C. 混凝土防火保护　　D. 结构内通水冷却

E. 设置结构喷淋

5. 截流法可分为(　　)。

A. 充水冷却保护　　B. 水喷淋法　　C. 屏蔽法

D. 包封法　　E. 喷涂法

三、简答题

1. 钢结构为什么要进行防腐和防火处理？

2. 大气腐蚀的影响因素有哪些？

3. 常用的除锈方法有哪些？

4. 钢结构防火涂料的防火原理是什么？

5. 钢结构常用的防火措施有哪些？

第 9 章答案.docx

实训工作单

<table>
<tr><td>班级</td><td></td><td>姓名</td><td></td><td>日期</td><td></td></tr>
<tr><td colspan="2">教学项目</td><td colspan="4">钢结构的制作、防腐与防火</td></tr>
<tr><td>学习项目</td><td colspan="2">钢结构的制作、钢结构的大气腐蚀与防腐、钢结构的防火</td><td>学习要求</td><td colspan="2">了解钢结构是制作的过程、熟悉钢结构的防腐、掌握截流法、熟悉疏导法</td></tr>
<tr><td colspan="3">相关知识</td><td colspan="3">钢结构制作工艺流程图、钢结构的大气防腐</td></tr>
<tr><td colspan="3">其他内容</td><td colspan="3">防火涂料的防火作用</td></tr>
<tr><td colspan="6">学习记录</td></tr>
<tr><td>评语</td><td colspan="2"></td><td>指导老师</td><td colspan="2"></td></tr>
</table>

参 考 文 献

[1] 高光虎. 多高层轻型钢结构住宅设计[J]. 建筑结构，2001.

[2] 包头钢铁设计研究总院. 钢结构设计与计算[M]. 2 版. 北京：机械工业出版社，2006.

[3] (GB 50017—2017)钢结构设计规范. 北京：中国建筑工业出版社，2017.

[4] 张锡璋. 金属结构[M]. 2 版. 北京：中国建筑工业出版社，1999.

[5] 刘声扬. 钢结构[M]. 2 版. 北京：中国建筑工业出版社，2004.

[6] 魏明钟. 钢结构[M]. 2 版. 武汉：武汉理工大学出版社，2002.

[7] 钟善桐. 钢结构[M]. 北京：中国建筑工业出版社，1988.

[8] 陈东佐. 钢结构[M]. 北京：中国电力出版社，2004.

[9] 陈绍蕃. 钢结构[M]. 北京：中国建筑工业出版社，2003.

[10] 刘新，时虎. 钢结构防腐蚀和防火涂装[M]. 北京：化学工业出版社，2005.

[11] 李顺秋. 钢结构制造与安装[M]. 北京：中国建筑工业出版社，2005.

[12] 苏明周. 钢结构[M]. 北京：中国建筑工业出版社，2003.

[13] 胡仪红，洪淮舒. 钢结构[M]. 北京：化学工业出版社，2005.